萨巴蒂娜　主编

青岛出版社
QINGDAO PUBLISHING HOUSE

·前言·

虽然懒，我也要色香味俱全。

这是个繁忙的世界，每天我奔波不断。我没有超人的三头六臂，我只有一具凡人的肉体。

回到自己的家，米饭的香气混合最爱吃的家常菜的诱人味道，是我能想到的最容易获得的幸福。

幸好我生在中国。幸好中国物产丰富，有那么多的食材、调味品和五花八门的食谱。

但我也要简单，别让我为难，我想偷懒一点，想任性一点。

我想回家只需要简单操作就可以吃上一顿好饭，而且还想让一家老少都喜欢。

不需要烟火缭绕，不需要花很多的金钱。不需要山珍海味，我只要最普通的肉、豆腐和蔬菜。

一道肉类，一道蔬菜，一道汤，或者哪怕就一个混搭菜，搭配刚出锅的大米饭，就可以让我幸福。

我还要健康，所以，要制作营养健全的饭菜，口感好的同时，也不会给身体太多的负担。

是的，上述所有想法，都来自我本人，也来自我制作多年图书所收获的读者的心声。

你想要懒，也要五味俱全，可以，那么就是这么一本书。

做这本书的时候，我可不懒（微笑）。

萨巴蒂娜，于2018年北京初春

萨巴蒂娜：国内畅销美食图书出版人、主编。曾出版美食小说《厨子的故事》，美食散文集《美味关系》。现任薇薇小厨主编。

新浪微博：www.weibo.com/sabadina

个人公众订阅号：sabachufang

目录

CONTENTS

第一章

懒人下厨有妙招

第二章

最爱家常菜

第三章

滋补汤煲

第四章
饭菜合一

第五章

日料韩料及西餐

248

250

251

252

254

256

258

259

260

262

264

266

268

270

第六章

无敌家宴

本书中的参考用量单位：

1 大匙 = 液体 15mL　　1 小匙 = 液体 5mL

固体 5g　　固体 2g

第一章

懒人下厨有妙招

学做家常菜之前，先学一些小技巧，

会让你更得心应手，事半功倍。

从如何买菜开始，到制作食材时用到的一些工具。

花点时间学一下，了解下我们的小心思。

先来学买菜

学做菜的第一步就应该学会买菜。如果还像以前一样，到了市场上不看不问不挑不选，走过路过看见就买，怕是会乐坏了那些狡猾的商贩。这样也许速度快，但是这样买菜的话太对不起那一顿饭，也太对不起自己和家人的健康了。买菜是一门学问，里面的门道是很复杂的，需要自己慢慢地摸索。这里将常见蔬菜的一些辨别方法和择菜方法提供给各位参考，也算是助您成为行家的一个小小捷径吧！

菠菜

挑选技巧：

注意观察菠菜的叶子，如果上面生有黄斑，就不要买了；如果叶背上有灰毛，则是霜霉病的标志，更不能买。有些地方卖菠菜是按捆卖的，不要图方便、图便宜，因为成捆的菠菜里面很可能夹杂着不好的，不拆开的话很难发现。

择菜：

去掉破损和有黄斑的叶片，把这些叶片从根上掰下来。最好不要切下菠菜红色的根，因为根部是菠菜营养最丰富的地方。

芹菜

挑选技巧：

不要看见芹菜的叶子色泽浓绿就认为是好芹菜，恰恰相反，这种芹菜是因为缺水而导致生长缓慢，粗纤维多，口感很差。而那些叶子发蔫的，甚至有黄斑的，则是存放时间很长的，不够新鲜。另外，最好将芹菜的茎部折断看看，断面有白色的就是糠心芹菜。

择菜：

先把破损和有黄斑的叶子扔掉，剩下的芹菜叶可以保留。芹菜叶上有更多的营养，择菜时只要从根部掰开即可。如果不喜欢芹菜粗粗的纤维，可以将菜茎折断，向两边拉，就可以把老筋拉出来了。

油菜

挑选技巧：

挑选的时候要看看是不是新鲜油亮的，仔细看看是否有虫蚀虫害，有无黄叶。观察一下叶子的背面，看看是不是有农药的痕迹或者虫痕，有的话就不要买了。可以用两只手指轻轻掐一下根茎部位，如果一掐就断，就证明是嫩油菜。

择菜：

择油菜时要先将黄叶和根部去除，然后一片一片地掰开，仔细清洗。

卷心菜

挑选技巧：

整体叶球要紧实，如果捏上去有松散的感觉，就不要购买。但如果是四五月份的尖顶卷心菜，稍稍松散一些也无妨。如果发现卷心菜的顶部隆起、中心柱高，也不要买。卷心菜的叶子边缘枯黄是由于卷心菜对钙极为敏感，缺钙是常有的事，这样的卷心菜并不影响食用。

择菜：

如果叶子外缘有枯黄的部分，可将其剪下，剩下的就很简单了，几乎没有什么可择的。外面有老叶的话，剥下来就可以了。

韭菜

挑选技巧：

韭菜有宽叶韭菜和窄叶韭菜两种，但是要注意，宽叶韭菜的叶宽也是要有个限度的，叶片宽大得离谱的韭菜有可能是使用了人工合成的植物激素。韭菜的根茎部位在被切割之后会继续生长，越靠内部生长越快，所以切口平齐的，就说明是新割下来的。和菠菜一样，韭菜最好也不要买成捆的，里面往往会夹有质量不好的。

择菜：

韭菜如果是新割的，就很省事，不必怎么择。如果不是新割的，就要稍稍费点工夫，一根根地仔细择：先去掉根部最外面的一层，然后掐掉发黄的叶尖。

茼蒿

挑选技巧：

买的时候最好用手掐一下叶梗，容易折断的比较鲜嫩，不易掐断就说明老了，不要购买。茼蒿本身有种特殊的刺激性气味，所以相对不容易遭受虫害，因而对它施用的农药量也相对小得多。但也要观察一下茎和叶，茎部过粗有可能是施用过量化肥的结果。

择菜：

茼蒿很省事，几乎不用怎么择，只要把有破损的烂叶去掉就可以了。

菜花

挑选技巧：

首先要看花球的成熟度，花球的周边如果已经散开，就不好了，尽量挑选那些未散开的。除了花球的外观，还要看花球的洁白度，不能是纯白的，色泽洁白中稍稍泛一些微黄，没有异色、没有毛花的才是好菜花。

择菜：

先将外面的几片叶子掰掉，然后仔细看看花球表面有没有黑点，如果有的话，用刀将带有黑点的小块切掉，然后把整个菜花掰成小朵。

四季豆

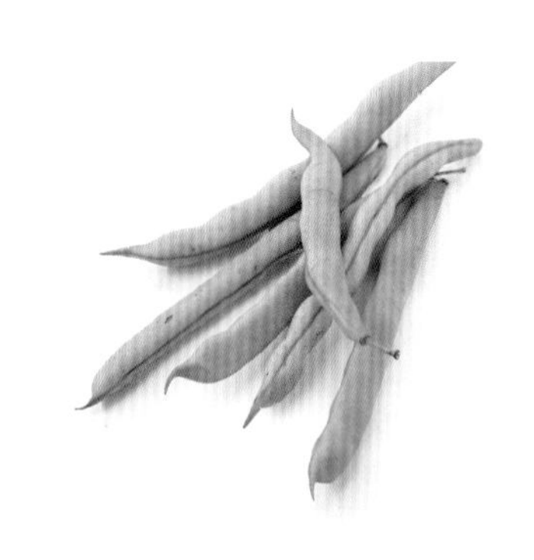

挑选技巧：

首先看一下四季豆的外观，豆荚不能干瘪，要选择饱满的，若是豆大而豆荚瘪，很有可能是老了。另外，要挑选色泽嫩绿、表面光洁的，而且不能有虫蚀的痕迹。另可将四季豆从中间折断，看看是否有老筋。

择菜：

掐去两头，然后顺势将两侧的筋撕下即可。要注意两头不能掐去太多，不然就太浪费了。

黄瓜

挑选技巧：

们常说好黄瓜都是“顶花带刺”的，就是末端带着小黄花，表面有许多扎手的刺。另外，用手轻轻按应该有坚实的手感。

择菜：

黄瓜不用择，但是在处理之前应该非常仔细地清洗，最好用洗涤灵洗干净。洗好后把上面的小黄花去除，切掉两端就可以了。

番茄

挑选技巧：

番茄分为大红番茄和粉红番茄两种，若要生吃番茄，最好选择酸味小的粉红番茄；若是炒菜，则最好选择大红番茄。好的番茄应该外形圆润红亮，用手轻轻掐比较结实，但不能太硬，又青又硬的番茄是还未成熟的。另外，观察一下番茄的蒂，蒂小的才好，那些畸形的、有裂痕的当然不能买。有的地方把番茄蒂朝下放在不透明的盘子里卖，未查看蒂和下面的色泽之前不能购买。

择菜：

非常简单，只需将西红柿去蒂即可。

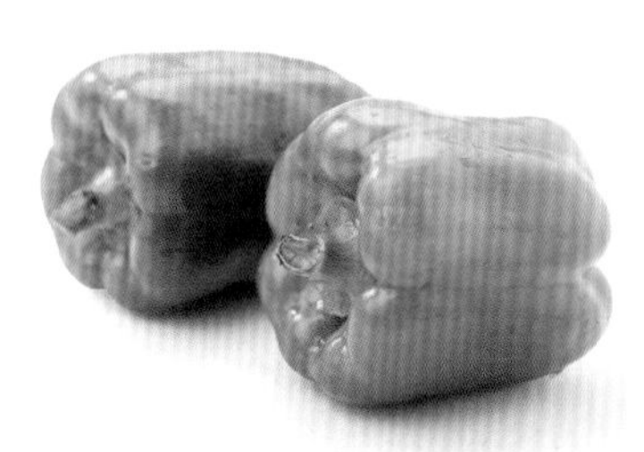

柿子椒

挑选技巧：

挑选的时候要注意观察表面，色泽要均匀，表皮要光滑而且无虫咬、无斑点、无裂口。柿子椒在被采摘下来之后，时间长了水分就会丧失；新鲜的柿子椒用手轻压其表皮，应该有种很硬挺的感觉。若是看见柿子椒的表皮皱皱巴巴的，就千万别买了。

择菜：

柿子椒在处理之前要去蒂，切开去籽，洗干净就可以了。

尖辣椒

挑选技巧：

首先观察外观，色泽浅绿、外形饱满、有光泽、肉质细嫩、无虫眼的为首选。另外，用手拿起掂掂分量，有些沉实的才好。那些掂起来轻飘飘的，就算外观再漂亮也不能买。还可以闻一闻，尖辣椒会散发一种气味，以闻上去微辣且略带甜者为佳。

择菜：

收拾它最简单不过，去籽后洗干净就可以了。

茄子

挑选技巧：

吃茄子最好的季节是每年的五六月份，夏初时节。选茄子要看外观，表皮光润亮泽的是新鲜茄子；外皮有皱褶，光泽暗淡的就不新鲜了。茄子的老嫩直接关系到成菜的质量。选茄子可以看“茄眼”，即在茄子的萼片与果实连接处的白色略带淡绿的环，越大就表示茄子越嫩。

择菜：

茄子只需将蒂去除（注意不要让上面的刺扎到手），去皮洗净就可以了。

胡萝卜

挑选技巧：

选胡萝卜的时候不要贪图粗壮的，应该尽量选择那些心部的直径相对小一些、肉厚一些的胡萝卜。太长的胡萝卜也不要选，短的胡萝卜一般好一些。注意观察表面色泽，靠近根部的色泽要和其他地方的皮层颜色一样的才好。

择菜：

胡萝卜只要洗干净，然后将粗的那一端切掉很短的一段（5mm 左右）就可以了。

白萝卜

挑选技巧：

有人喜欢那些白白净净的白萝卜，但是经过清洗而没有泥土的白萝卜会更容易流失水分，所以稍稍带一些泥土的新鲜程度会更好一些。在挑选过程中可运用“弹指神功”，为的是避免买到糠心萝卜，听一听声音，如果发出的是像敲打实心物体般很结实的声音就可以了。

择菜：

将泥土洗净，然后将带叶子的那一段切除就可以了。

食品加工机帮你成为切菜高手

切菜对于每一个厨房新手来讲，无疑是一件令人头疼的事情。一盘菜端上来，就算是最简单的鸡蛋炒黄瓜，也能一眼看出制作者的水平高低—— 有薄有厚的黄瓜片就是新手的最大特征。平时练习刀工当然必不可少，但是紧急时刻该如何是好？

食品加工机无疑给新手们带来了福音，用它可以轻松地加工出各种形状的食材，帮助新手在最短的时间内完成最专业的手笔。

切片

对于新手来讲，切片也许是最简单的了，一般情况下自己就能解决，但是经常会薄的薄、厚的厚。有的薄如蝉翼，令烹饪高手叹为观止；有的则达到“太后”级别，和大扁块也无甚差异……要想以最快的速度达到预期效果，还是用食品加工机吧！

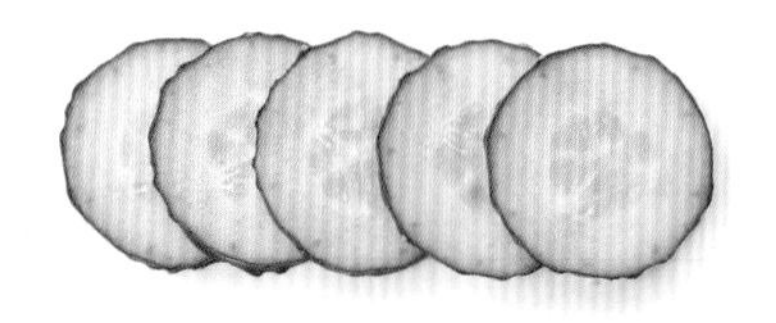

切丝

有没有过这种体会：好不容易把片切好，精心地码好准备切丝，可是切的时候无论是食材还是刀（甚至是自己的手）全都那么不听使唤，要么一刀什么也没切下来，要么就是切出来的丝超宽，还要再补两刀……切个小土豆，就能耗费10分钟之久，腰酸手疼——为什么不试试食品加工机呢？

切粒

切粒是在切丝的基础上再多切一下的步骤，有时候切个葱姜还好说一些，起码个头小的也不至于费多大工夫，但是有时候要想做个扬州炒饭什么的，除了米饭粒外，里面所有的辅料几乎也全是粒，这时候还是请食品加工机出马吧！

切花式

雕龙琢凤的场景在家里面是不会出现的，所以只在电视上的烹饪大赛里过过眼瘾即可。若是家中来了客人，想小露一手，也可以摆个漂亮的盘，把食物加工成花式形状，放在盘中作装点，谁看了都高兴。

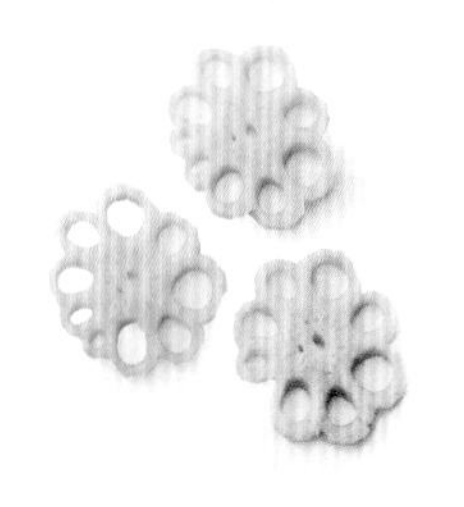

健康蔬菜健康保存之归大类

叶菜类

叶菜类蔬菜是蔬菜大军中最庞大的一个团体，而叶菜类蔬菜要想长久保存是很难的。有的人信奉“冰箱万能”之说，事实上，若是将叶菜类蔬菜直接放入冰箱里，用不了多长时间菜叶就会变黄，同时叶片会变得又湿又烂，真是狼狈到家了。

有一个很好的办法，经济实惠，简单好用：利用吸水性较好的纸。具体方法：先向菜叶上喷一些水，然后用纸包起来，竖直着、茎部朝下放入冰箱的蔬果保鲜室，这样可以延长保存时间，更好地留住新鲜。

根茎类

根茎类是另一大类蔬菜，前面提过的萝卜就是其中之一，其他的像土豆、笋、莴笋、荸荠、藕等都是常见的根茎类蔬菜，我们最常用到的葱、姜、蒜也是其中的成员。这些根茎类蔬菜由于形态、成分和叶菜类蔬菜有很大差别，所以保存方法也有所区别。

保存蔬菜不是简简单单的冷藏，因为并不是所有的蔬菜都适合冷藏。有一些根茎类蔬菜是含糖分较多而且表皮较硬、较厚实的，比如萝卜、洋葱、芋头等，这样的蔬菜若是放到冰箱里冷藏反而坏得更快，最好的方法应该是将它们放到阴凉处存放。土豆也是这样，放到冰箱里面反而更容易发芽。具体情况具体分析，下面会介绍一些常见蔬菜的保存方法。

健康蔬菜健康保存之细数来

竹笋

自古以来，国人就将竹笋视为菜中珍品，宋朝的苏东坡，曾经写下“长江绕郭知鱼美，好竹连山觉笋香”的诗句。还有传诵一时的“无竹令人俗，无肉使人瘦。若要不俗也不瘦，餐餐笋煮肉”。更是道出了竹笋在人们餐桌上的崇高地位。直到今天，竹笋依然是备受欢迎的餐桌健康美食。

竹笋本身的营养成分十分丰富，含有优质蛋白质、氨基酸、钙、磷、铁、胡萝卜素和各种维生素。它是低糖、低脂肪、多纤维的健康食品，吃竹笋可以帮助胃肠蠕动，促进消化，对人体的代谢很有益处，对预防大肠癌很有效果。吃竹笋的时候要注意，一定要将竹笋做熟了再吃，而且烹制之前要在沸水中煮几分钟，借此来分解掉其中大部分的草酸盐和涩味。

保存竹笋可以将其水煮之后去皮放入冰箱中。盛竹笋的容器里要装有水，而且最好每天都换干净的水，用这种方法可以保存 7 天左右。还可以将竹笋切成小块，然后冷冻起来，这样的保存时间更长一些。

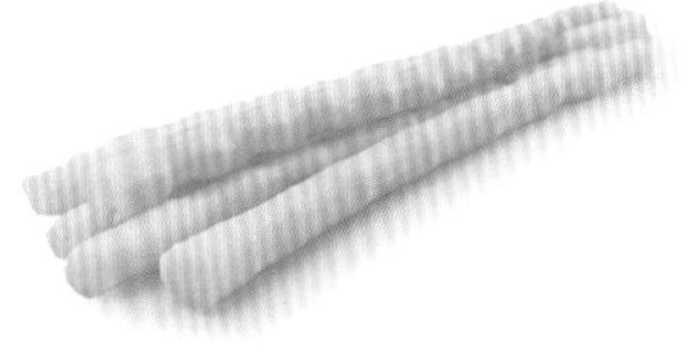

大白菜

早些时候，一到冬天就能看见各家各户贮藏大白菜的壮观景象。大白菜一直是老百姓的当家菜，俗话说“萝卜白菜保平安”嘛！百菜不如白菜好，大白菜中含有丰富的矿物质、维生素、胡萝卜素、蛋白质、膳食纤维。常吃大白菜可以预防血管脆弱和坏血病。另外，大白菜还有一定的抗癌作用。

现在不像以前，只有冬天才能看见大白菜的身影，一年四季都有。切过的大白菜需要用保鲜膜包起来储存；一般情况下，大白菜如果不需要切就尽量不切，从外面剥叶子吃，用多少剥多少，剥完了还是一个完整的大白菜形状。这样避免了分切，可以直接用吸水性较好的纸将大白菜包裹起来放入冰箱保存。

白萝卜

民间有句俗语，叫做“边吃萝卜边喝茶，气得大夫满地爬”。虽然事实并没有这么夸张，但这句话也从一个侧面说明常吃萝卜对人体是大有裨益的。拿白萝卜来说，白萝卜在生吃的时候有辛辣的味道，这是其中的芥子油的味道，不但可以促进胃肠蠕动、增进食欲，而且能预防皮下脂肪堆积。《本草纲目》指出，萝卜是“蔬中最有利者”，白萝卜有很强的通气功效。此外，在干燥的冬天，它还是解燥驱热的上上之选。

白萝卜应该尽量保持上面黏附的泥土，才更易保存。如果室内的温度不是很高，可将其放在阴凉通风处。而如果当初作出了一个错误的决定——把萝卜洗了个干干净净，那么就要找一些吸水性较好的纸（干燥的）将萝卜包起来，然后找个塑料袋把它装好放到冰箱里。由于萝卜叶子是耗水和消耗营养的大户，所以要在冷藏之前切除，同时最好找保鲜膜把切口处包裹一下。这样可以保存一个星期左右。

西蓝花

西蓝花就是平时所说的绿菜花。不要小看这另类的菜花，在各种蔬菜当中，西蓝花的营养可以算得上是首屈一指的，各种矿物质如钙、磷、铁、钾、锌、锰的含量要比其他蔬菜高出很多，而且各种营养成分非常均衡。西蓝花可以帮助人体降低癌症、骨质疏松等疾病的发病率。

西蓝花在保存之前最好先泡在清水中使其充分吸收水分，捞出沥干水分后用保鲜膜包裹好，放入冰箱的冷藏室即可。

土豆

可不要小看这其貌不扬的小土豆，其营养之丰富绝对超乎你的想象。土豆中富含优质蛋白质，还有钾、锌、铁等矿物质，其蛋白质和维生素C的含量，比我们常吃的苹果还要高出好几倍。更加可贵的是，土豆中的脂肪含量少到几乎可以忽略的地步，并且吃后容易使人产生饱胀感，对于正在减肥的人也无疑是一个很好的选择。曾经有国外的研究表明，每餐只需全脂牛奶和土豆就可以得到所有的营养。且不论这种说法是否科学，但至少是土豆营养丰富的一个侧面证明。

土豆的保存相对比较简单，一般以常温保存为宜。土豆不要洗，直接放在铺了纸的箱子里，保存在阴凉处即可。土豆容易生芽，可以在放土豆的箱子里放几个青苹果，效果不错。

红薯

《本草纲目》中是这样描述红薯的："补虚乏，益气力，健脾胃，强肾阴"。可见其保健功效之卓著。红薯中含有丰富的淀粉、膳食纤维、各种维生素和矿物质，营养相当均衡。常吃红薯不仅能保持血管弹性，而且红薯也是低脂肪、低热量的健康食品。有的人以为老吃红薯会发胖，这可冤枉红薯了，红薯可以有效地防止体内的糖转变为脂肪。

红薯不适合放进冰箱中保存，最好利用一下自家的阳台。阳台上日照充足，可将红薯摊在吸水性较好的纸上，放在阳台让它们晒晒太阳，几天后用吸水性较好的纸包起来放在阴凉的地方，这样不但利于红薯的保存，而且还能让红薯变得更加香甜。

藕

水上为莲，泥下为藕。藕在中国的种植历史已有3000多年，其营养功效十分卓著，在清朝咸丰年间曾被钦定为御膳贡品。藕中含有丰富的淀粉、维生素C和钙、磷、铁等矿物质，具有清热解燥、止咳化痰的功效，用来调解秋燥非常好。藕生吃熟食均可，生吃可清热润肺，熟食可健脾开胃。

切过的藕有点像土豆，容易氧化变色，所以保存切过的藕需要用保鲜膜包裹，裹好之后再放入冰箱中贮藏。

生菜

生菜静置一段时间会变软、变色。可将生菜的菜心除去，然后将洁净的纸巾打湿塞进去，让生菜吸收其中的水分，等到纸巾里面的水分被吸收得差不多了就把纸巾取出，将生菜放入密封保鲜袋中，置于冰箱中保存，就可以让生菜"返老还童"了。

菠菜

菠菜中含有大量的胡萝卜素，而且还有很丰富的蛋白质，同时也是维生素 B_6 和钾等营养元素的来源。烹制菠菜之前最好先用水烫一下，以降低其中草酸的含量。菠菜中含有大量的铁，是补血圣品。若是脸色不好，就要常吃些菠菜，别看菠菜是绿的，但它能让你的脸色更加红润光泽。

菠菜可以放入冰箱的蔬果保鲜室中保存。在冷藏之前，可以先用吸水性较好的纸将其包起来，这样不但可以保住水分，而且能吸收多余的水分，避免过于潮湿而导致的腐烂。包好后将菠菜的根部朝下，直立放入冰箱即可。

茄子

茄子的颜色是独具一格的紫色，营养价值很高，尤其是在茄子皮和茄子肉过渡的地方，含有极为丰富的维生素 P，可以增强人体细胞的黏着力，增强毛细血管弹性，同时还可以调节神经，令人心情愉悦。茄子中还含有一种叫做龙葵碱的物质，具有抗癌功效。

茄子可以放入冰箱中保存，但是容易失去水分和色泽，所以最好先用密封袋装好。如果茄子已经去皮切开，需要将切好的茄子块放入淡盐水中洗一洗，挤出黑水，用清水冲净，否则茄子很快就会氧化变黑。

黄瓜

黄瓜在常温下放置两三天就干瘪发蔫了，所以需要放入冰箱中保存。首先要将黄瓜表面的水分擦干，放入密封的保鲜袋中，然后放入冰箱中保存，这样可以将保存时间延长许多。

西红柿（番茄）

西红柿的存放比较简单，只需要注意摆放的方式。摆的时候要注意将西红柿的蒂朝下，分开放置不要叠放，否则重叠的地方很容易腐烂。

四季豆

四季豆的保存也比较简单，直接放到塑料袋里冷藏就可以。这样可以保存大约一个星期。

葱、姜、蒜

先来说说大葱。许多人可能以为大葱除了提味之外没什么营养，其实大葱也含有丰富的蛋白质和各种维生素、矿物质，而且，葱中的挥发油还有较强的杀菌作用。姜是去腥味的行家，还有很高的药用价值，它具有健胃祛湿、促进血液循环、助消化等功效。至于蒜，许多人不爱吃蒜是因为蒜的味道会使自己的口气变得糟糕透顶，其实这是几块口香糖就可以解决的问题，不要因此而拒绝蒜。蒜中除了蛋白质、B 族维生素及各种矿物质之外，还有大蒜的看家宝贝——杀菌能力超强的大蒜素。除此之外，常吃大蒜还有防癌的功效。需要说明的一点也是有关大蒜素的：大蒜素只有在大蒜被切开，和空气接触 15 分钟以上才可以发挥其真正的实力。

再来说说它们的保存。买来的葱若是洗过的，就不易长久保存，所以一次不要买太多；而如果是根部带着泥土的，可以将其带着泥土一起埋在花盆土中，这样保存半个月都没问题。姜如果没有切过，可以放在通风处保存，如果切过了，就最好用保鲜膜把切口包好冷藏。大蒜没吃的话最好不要去皮，将其直接放在室内的阴凉通风处即可。

妙手洗菜篇

随着科学的进步，一种叫“农药”的东西诞生了。它可以消灭蔬菜的虫害，保证蔬菜健康成长，但是这些农药也对人体的健康构成了很大威胁。所以，洗菜成了日常烹饪之前一个必不可少的环节，不仅要洗掉菜上面的泥土，还要洗掉残留的农药。洗菜也是有学问的。

淡盐水浸泡法：

对于一般的蔬菜，大家往往都是用清水洗干净就完事，然后直接放到案板上开切。其实这样并不能真正洗干净蔬菜表面的残留农药，只不过是将残留农药稀释了。为了有效驱除病虫害，这些农药会有很强的吸附力，没那么容易就溶解在水中。所以，需要用淡盐水浸泡片刻，淡盐水可以很好地清除蔬菜表面的残留农药。具体方法就是在用清水冲洗蔬菜之后，找个盆装满清水，加入一小匙盐搅匀，将蔬菜分解成一片一片的，放入里面浸泡。这个时候你可以做一些其他的准备工作，例如制作调味汁、削皮等。十几分钟之后，再把浸泡过的蔬菜冲洗干净就可以了。

淘米水洗涤法：

煮米饭前都要经过淘米这道工序，但是你是否每次都将淘米的水倒掉了呢？如果是的话，那就太可惜了。去除残留农药的另一个好办法就是借助这些淘米水。淘米水中所含的成分和残留农药的成分正好可以中和，其中有毒的成分会在经过淘米水的冲洗后失去毒性，所以用淘米水来淘洗蔬菜无疑是一个很好的选择。这样不但可以节约水，而且能在短时间内最大限度地削弱残留农药的毒性。

但是需要注意的一点就是，只能用前一两次淘米的水，因为这时候的淘米水是呈弱酸性的，之后会逐渐转变为碱性，对残留农药也就束手无策了。

沸水焯烫法：

有些蔬菜不适合用以上两种方法清洗，拿四季豆来说，择好、清洗后，若是切完了就炒，需要很长时间才能让其熟透，若是没有熟透就吃是很容易中毒的；而像菜花这样的蔬菜，若是反复冲洗，容易被洗碎，造成浪费。这时可以用沸水焯烫法：清洗之后，将蔬菜分解成合适的大小，然后放入沸水中焯烫一下，时间长短可根据食材而定。像四季豆这样的蔬菜，时间可以稍稍长一些。这种用沸水烫的方法，不但简单，而且效果很好。

直截了当去皮法：

蔬菜的表面如果残留农药很多，不易于清洗，可以采取一种最直截了当的办法——削皮。对于不同的蔬菜，削皮的方法也不尽相同，皮厚的可以用刀削，皮薄的就直接用削皮器，简单方便，而且不易划伤手。这种方法同样适用于水果，而且由于水果一般都是直接食用的，所以能去皮的一定要先去皮，再开吃。去皮之前最好先清洗一下，否则，刀上可能就会沾上少许残留农药，从而污染果肉。切记哦！

拆解清洗法：

有一些包叶类的蔬菜，比如卷心菜、生菜等，形状简单但结构相当复杂。对付这类家伙，要用“大卸八块”的办法，也就是说拆开来一片片地清洗。虽然有些费时费力，但在讲求食品安全的今天，却是不能省去的一道工序。将菜叶一片一片剥开之后，用前面的淡盐水浸泡法处理，效果不错。现在许多人都把这一道工序省去了，但是为了保险起见，还是稍稍麻烦一点吧！

毛刷“刷刷”法：

各种蔬菜形状不一，有的蔬菜看上去就是油光滑亮的，这类蔬菜清洗起来相对省力一些，而有些蔬菜的表面凹凸不平，要想彻底洗干净，还真得费点工夫。比如苦瓜，就是这类蔬菜中很有代表性的。对付这类蔬菜最好找来一个毛刷，毛不用很硬，稍稍柔软一些最好，用它来轻轻刷洗，只听得“刷刷”声一阵，一切搞定，省时又省力。

猪肉解析

千万不要以为猪身上每个地方的肉都是一个味道，不同部位的肉质可是大不相同的，吃法、做法当然也不一样。

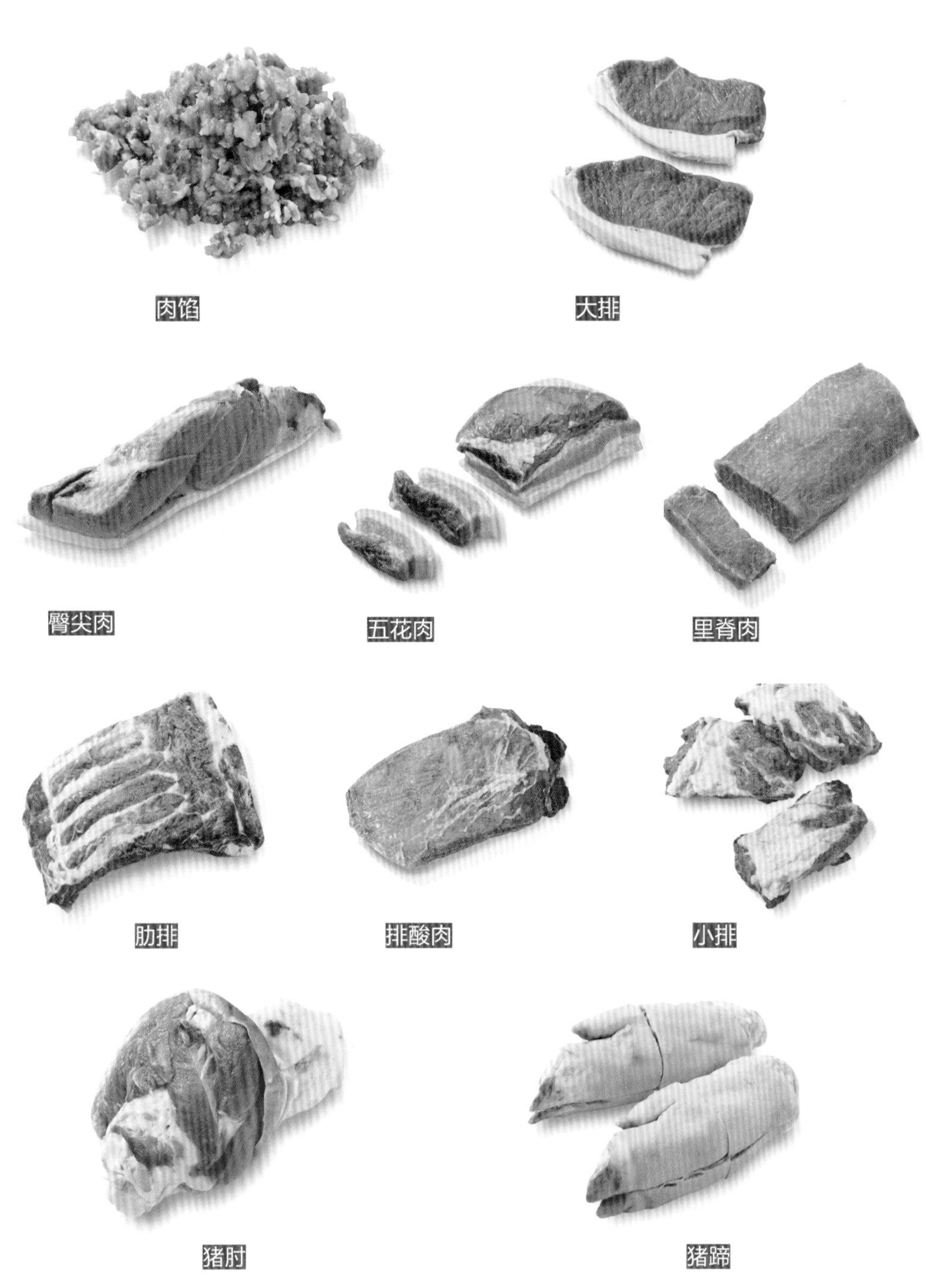

肉馅

为了能吃上味道鲜美且放心的肉馅，建议大家可以现买一块新鲜的肉，让商贩当场绞好。肉馅经过自己的再加工（放上葱、姜和其他辅料）之后，可以做成丸子，还可做包子馅、饺子馅等。

大排

里脊肉和背脊肉连接的部位，又称为肉排，多用于油炸。油炸的时候会有特有的香气，这也是炸肉排的特色。除了油炸，也可以卤。切的时候要注意，不同的做法，切法也不一样：炸的话应切得薄一点，卤的话就可以切得厚一点。

臀尖肉

猪臀部靠近上面的肉，都是瘦肉，肉质鲜嫩，一般可代替里脊肉，也能像里脊肉一样用于炸、熘、炒等菜。一块好的臀尖肉，色泽要鲜嫩，不可以太红，肉的纹理不能太粗，摸上去要有弹性。

五花肉

猪肋条部位的肉，一层肥肉一层瘦肉，层层叠叠，红白相间，所以叫五花肉，算得上是猪肉里面品相最好的部分了。这部分肉适合红烧、白炖，做粉蒸肉、扣肉等。五花肉最讲究用肥三瘦七的上好五花肉。切五花肉时，必须做到有肥有瘦。

里脊肉

猪脊骨下面一条与大排骨相连的瘦肉。这是猪肉中最嫩的一块，可以切片、切丝、切丁，可以做炸、熘、炒、爆的菜。许多好吃的菜都是用里脊肉做出来的，比如糖醋里脊、鱼香肉丝、熘肉片等。

肋排

肋排是猪胸腔的片状排骨，肉层比较薄，肉质比较瘦，口感比较嫩，但是因为有一侧连接背脊，所以骨头会比较粗。由于肋排较大，因此一些店家会把它分割成腔骨、子排等。肋排剁成小块后可挑出肉层较厚的部分用于蒸、炸、红烧，大片的适合烤。

排酸肉

肉为什么要排酸呢？其实所谓的“酸”，是指动物在临死之前由于受到惊吓而导致淋巴腺分泌出的一种毒素，所以才有“排酸肉”这种说法。准确地说，排酸肉应叫做“冷却排酸肉”，就是指宰杀后迅速将猪肉在冷却温度（0℃ ~ 4℃）下放置12 ~ 24小时，减少其有害物质的含量，而且排酸肉由于经历了较为充分的解僵过程，其肉质柔软有弹性、好熟易烂、味道鲜美，营养价值较高。因此，排酸肉也会比普通肉的价格高。

小排

小排是指猪腹腔靠近肚腩部分的排骨，肉层较厚，带有白色软骨。小排适宜做糖醋排骨，煮汤、蒸、炸、烤也可以，但是注意要剁得小一点。

猪肘

又叫蹄髈，即猪的四条腿，这里的肉皮厚筋多。后肘比前肘肉质结实一些，也更大些。其制作方法一般是红烧、清炖。

猪蹄

猪蹄的结构比较特殊，只有皮、筋和骨头。一般适宜红烧、煲汤。后蹄的筋要比前蹄的好。如果买新鲜猪蹄的话，需要用镊子去毛，然后清洗干净——谁也不想美味的猪蹄像牙刷一样吧？

鸡肉解析

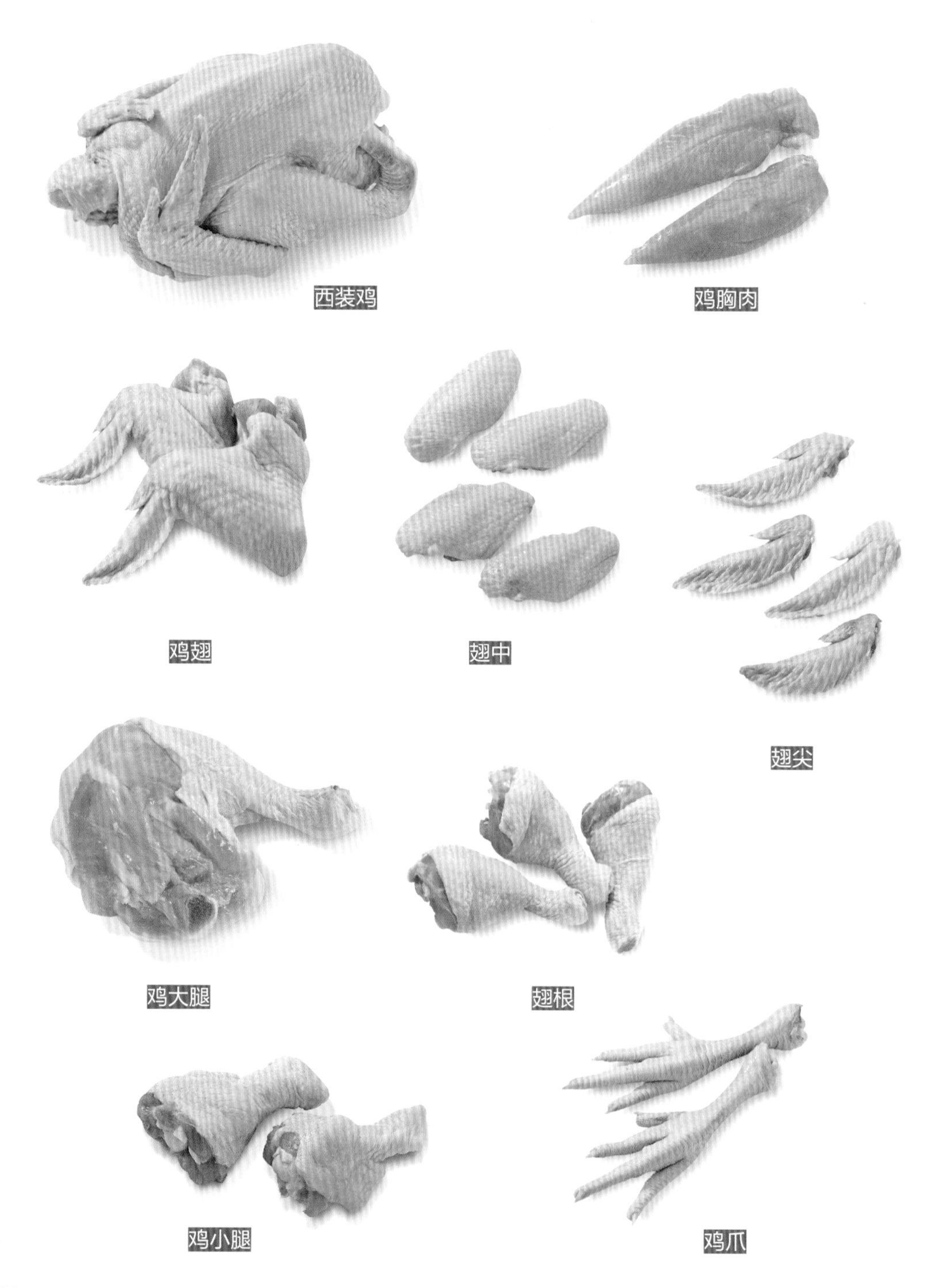

西装鸡

如果要从市场上买整鸡，最好就买西装鸡，比较卫生。西装鸡是把活鸡宰杀、褪毛、开膛、去头去爪，收拾好了以后装在印有“西装鸡”字样的塑料袋中出售的。基本就是冷冻的整鸡，肉质嫩，烹制时间比普通柴鸡要短。

鸡胸肉

鸡的胸脯肉，肉块大且细嫩，经常用来炒、爆、炸。

鸡胸肉上会有一层很薄的膜，上面有一些细小的油脂，烹制前只要用刀划开，撕去薄膜就可以了。

鸡翅

指鸡的整个翅膀，包括翅根、翅中、翅尖三个部分。鸡翅骨多肉少，但比较嫩。市场上有卖整翅的，也有分开卖的。鸡翅可以红烧，也可以油炸。

翅中

鸡翅膀的中间部分，是鸡翅膀中最好吃的部分。除了烧、炸等做法之外，还可以用烤箱烤着吃，最好先腌制入味，这样烤出来味道才够棒。

翅尖

鸡翅膀的最前端，这里的肉比较少，适合卤制，一般用来做小吃。但是要记得剪掉最前面的尖尖。

鸡大腿

这部分肉厚，肉质稍老，会带有一部分脂肪，适合炖、焖、炸。

鸡小腿

又叫琵琶腿，这部分肉比较紧实，没有脂肪，适合炖、炸、红烧。

翅根

鸡翅膀的根部，像个小的鸡腿，肉质要比翅中老一些。

鸡爪

这部分只有筋和骨，富含胶原蛋白，适合煮汤、卤制。泡椒凤爪就是一道很有名的菜。

肉食品的处理

我们平时买来肉，都是要放在冰箱里保存的，这样可以保证肉不会变质，也可以保持肉的鲜度、风味和营养价值不变。

但是冰箱保鲜也是有时间限制的，时间的长短会因温度的不同而不同。比如，将畜禽肉储存在0℃～5℃的温度下可保鲜15～20天，贮放于-10℃的温度下可保鲜2～3个月，在-20℃的温度下则可以保鲜8～10个月。

各种肉的冷冻保鲜时限也不同，比如猪肉冷冻保鲜的时间就要比牛、羊肉稍短。

比较好的冻肉解冻方法：

1. 把冻肉放在10℃～15℃的自然室温中。
2. 放在10℃左右的流水中。
3. 放在室内通风的地方。

这几种解冻方法，既可以避免肌肉纤维中的汁液迅速融化流失，保持肉食品的新鲜，又可以避免蛋白质的大量流失，使肉食品保持原有的色、香、味，而且营养成分也不会降低。但需要注意的是：

1. 不要把冷冻肉放在水中浸泡，更不能把冷冻肉放到温热水中解冻，那样会使细胞壁破裂，肉汁大量外溢。这种做法不但会影响肉的风味，而且会使细菌迅速繁殖，营养成分也会有一定损失。
2. 不要将冻肉解冻后，再把用剩的部分继续冷冻，这样会影响肉的品质和营养价值。

用冰箱冷冻肉食品的正确做法：

一次买一大块肉，清洗干净，按照每次需要的量分成若干小份，用保鲜膜包好，存放在冷冻室里，每次只取一块解冻，这样解冻自然会非常快，而且方便。

如何处理刚买来的鲜肉

1. 清洗：将少量面粉放到清水中，把肉放进去揉搓，再用清水冲洗即可。这样可以安全、卫生地洗去肉上面的脏物和血水，洗完以后肉的颜色就不会那么鲜红了。
2. 切块：用大刀把大块的肉按自己平时炒菜所需的量分割成小块。有的肉块会带着肉皮，不太好切，这时可以用推拉切的方式——把刀放在肉块上，先向前推，然后向后拉，这样一推一拉，像拉锯一样就能把肉切开了。
3. 储存：把小肉块放在保鲜袋中包好，再统一冷藏。

①洗肉

②推拉切肉

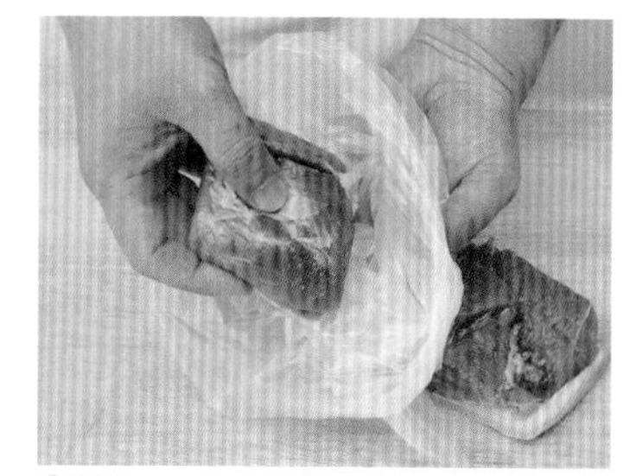
③包肉

切片、丝、丁

切片

把猪肉洗净，顺着肌肉的纹理切成厚薄适中的片，再横着切成大小合适的片。如果切片到最后不好切了，可以把肉放平，用平刀片成薄片。

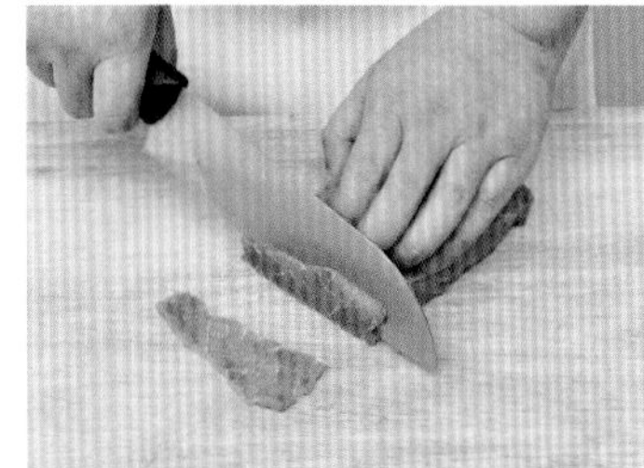
切肉片

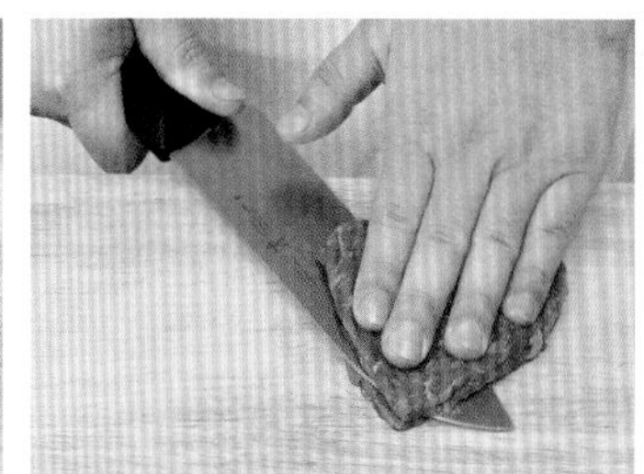
用平刀片肉

切丁

把猪肉洗净后，先顺着肌肉的纹理按大小要求切成厚片，再把肉片切成宽窄合适的条，最后将肉条按照要求切成大小合适的丁。

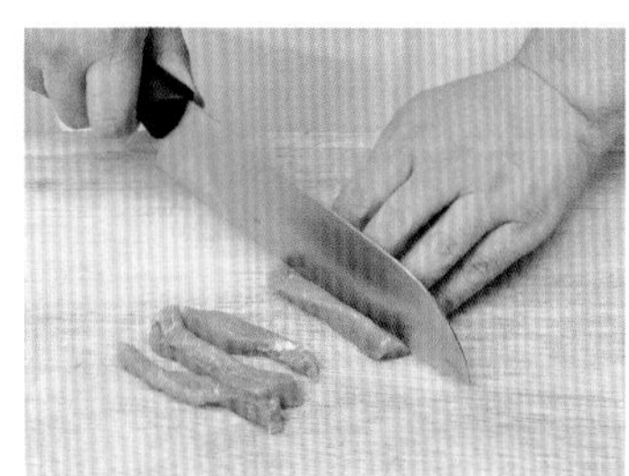
肉片切成条

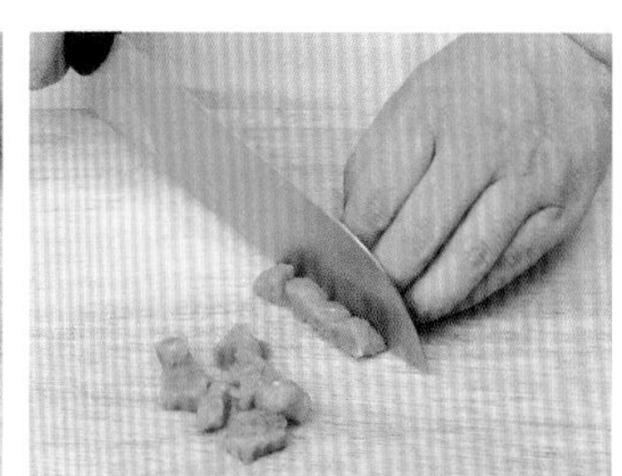
条切成丁

切丝

把猪肉洗净，先将肉切成薄片，然后直刀斜切成丝。切丝的标准是粗细一致、长短一致，不连刀，不脱刀，大约有1.5倍于火柴梗的粗细即可。

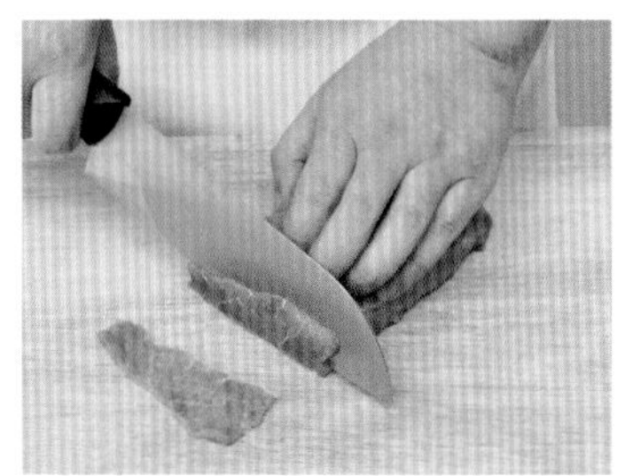
切成薄片

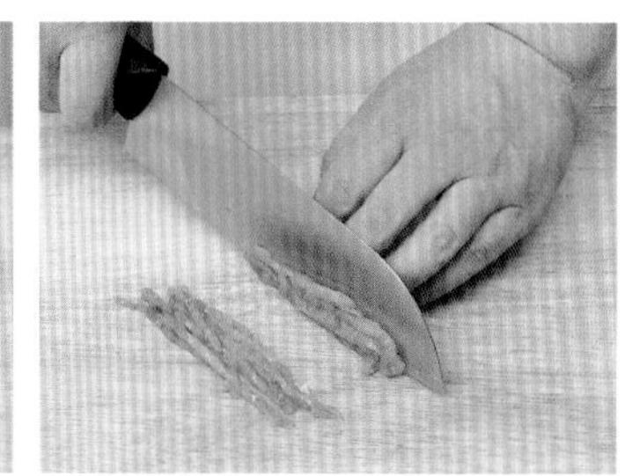
薄片切成细丝

小窍门

如果刀工不太好，切肉就要趁着肉没有完全解冻的时候。这时的肉不软不硬，想切成什么样就能切成什么样。

挂蛋清糊

挂糊是指用鸡蛋、淀粉或面粉、水和其他调味料一起调制成糊状，然后把已经切好的原料放在里面蘸上糊糊，或者浇上一层糊糊，使原料外面挂上一层“外衣”，然后下锅炸或煎。如果做软炸类的菜肴，就要挂蛋清糊，可以使菜肴有松软的质地，色泽淡黄。比如软炸里脊、软炸虾仁、软炸鸡、软炸蘑菇等。

挂糊的目的主要是使炸过的食物有酥脆松软的口感，而且可以保持食物中的水分和新鲜味道，比如鸡肉、鸭肉、鱼肉等原料，如果不经挂糊直接下油锅炸，就会比较干；如果挂一层糊，则可以保持原料的鲜嫩，而且样子也漂亮，更重要的是营养成分不会大量流失。

原料构成（比例为 1 ∶ 1）：蛋清（鸡蛋也可以）、面粉

用蛋清和面粉调成的蛋清糊

肉挂蛋清糊

勾芡

勾芡就是在菜肴快熟时，把已经调好的芡汁淋到锅里，使菜的汤汁浓稠，味道鲜香。

做法：

1. 淀粉 1 大匙，加水调成芡汁。
2. 锅中放 2 汤匙水，烧沸后将芡汁倒进锅中调成玻璃芡（也可在芡汁中加入番茄酱等）。
3. 将芡汁均匀地淋在炸好的里脊上即成。

①调芡汁

②调玻璃芡

③将芡汁淋在里脊上

勾芡的作用：

1. 我们炒菜的时候经常会加入酱油、醋、料酒等液态的调料，而且食物一加热也会出汤，菜汤比较多而且稀薄的时候我们就可以勾芡。勾芡后，汤汁会变得浓稠，而且会包裹在原料的外面，菜也就更入味了。
2. 有一种烹饪方法叫做“熘”，也需要勾芡，否则调味汁直接浸着原料表面，达不到外酥里嫩的效果。

勾芡后，调味汁变得浓稠了，芡汁就不会将原料表面浸软。

3. 有一些汤，比如酸辣汤，许多原料都在汤中，汤汁特别鲜美，如果勾了芡，汤汁的浓度增加，浮力增大，原料都浮上来了，就不会见汤不见菜。汤和菜融在一起，不但增加了菜的滋味，还产生了柔润滑嫩的特殊口感。

4. 勾芡还可以使菜肴的形状美观有光泽，并且因为芡汁裹住了原料，还能起到保温的作用。

如何飞水（汆水、焯水）

将肉放入锅内，加鲜汤（清水也可以），置旺火上烧沸，撇去浮沫。

锅中的清水和棒骨

开锅后水面上有浮沫，用勺子小心撇去浮沫

如何打水

鸡胸、里脊等肉类食材由于本身所含水分较少，经过一番炒制之后水分挥发过度，会使肉质过于紧密，影响口感。所以，一开始在上浆入味之前需要经过“打水”这个步骤。打水，就是要把水分揉到肉的纹理当中。具体做法：首先将肉切好放入碗中，加少许清水，用手轻轻抓拌，让肉“吃”进水分，等到水没了之后再放入少许水，重复上面的过程，如此反复几遍，直到肉的手感变得非常柔滑，再也“吃”不进水分为止。需要注意的是，加水的量一次不要太多。

打水

加适量料酒腌制

加淀粉

加油防止粘连

炸和煎

炸

炸制的食品鲜香酥脆，美味可口。其做法一般是在锅中放大量的油，用旺火烧到七八成热，将食材下锅，然后把火调小，并且经常翻动锅中的食材，炸成焦黄色就可以了。炸制食物时一定要注意火候，不能过熟，也不能不熟。如果有大块的原料，还要先炸一次出锅，油温稍高后再入锅炸一次。

常用的炸法有清炸、干炸、软炸、酥炸、脆炸等。

清炸

将原料用酱油、盐、料酒拌匀后，腌制入味，然后直接放到热油锅里用旺火炸透。炸的时候不用挂糊，炸成的成品外酥里嫩。

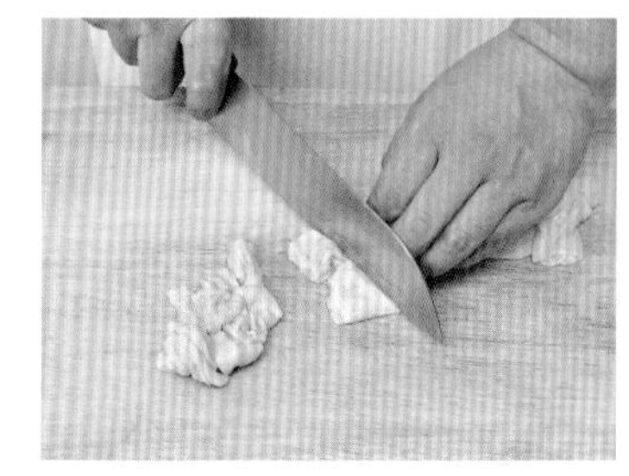

大肠切段

清炸

干炸

将原料用调料腌制入味，裹上干淀粉之后再放入油锅中炸制。这种干炸的方法可使原料表面酥脆而且颜色焦黄。

小黄鱼裹干淀粉

干炸小黄鱼

清炸、干炸都要依据原料的老嫩程度来掌握油温及火候。原料嫩、个头小的，如条、块、片，就应该在油很热（有点沸腾）的时候下锅，炸的时间一定要短，大约八成熟的时候就要立即出锅，等油沸后再入锅炸一次。个头较大的原料，则要在油热到七八成时下锅，多炸一会儿或多炸几次就可以了。

酥炸

将原料先蒸熟或煮熟，在外面挂糊，糊是用蛋清、淀粉调成的。等油沸的时候将原料下锅炸，炸至外层颜色深黄且酥脆为止。

挂好糊的鸡腿

酥炸鸡腿

软炸

将形状小的原料挂糊，待油六成热时下锅。因为如果油温太高就会将外面炸焦，而里面还是生的；如果温度过低，原料就会脱浆（原料和外面挂的糊分离）。下锅的时候还要注意，要把原料分散放入，否则会粘在一起。一般炸到外表发硬，约八九成熟时捞出，等锅里的油沸腾了再炸一次。这种炸法花的时间较短，但要注意炸后要沥干油。

软炸里脊

脆炸

将带皮的原料先用沸水略烫之后取出，在其表面涂上饴糖，干后放入热油锅内，置于旺火上不断翻动。炸至金黄时，将油锅离火，用余温炸酥，最后将锅重新上火，待油温上升时取出。

脆炸鸡块

煎

就是先用温火把锅烧热，倒上少量的油，以油能布满锅底为准；然后放入已经做成片状的各种原料。用中火先煎好一面，再煎另一面。等两面都呈金黄色后再放调料，翻匀就可以了。

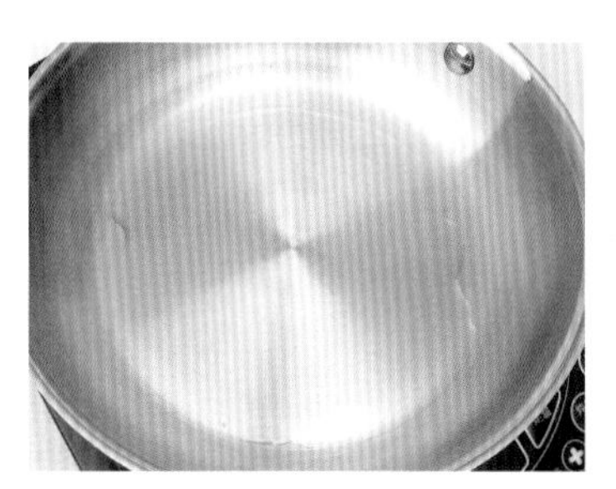

锅中倒少量油

放入的两块大排，一块正在煎第一面（左），一块已经煎好一面（右）

炒和爆

炒

炒是最常见的传统烹调方法，炒制食物时，锅内放少量油在旺火上快速烹制，同时加以搅拌翻炒。将食物扒散，再收拢，再扒散……这样不断重复操作的动作就是炒。这种烹调方法可使肉食汁多且味道鲜美，也可以让蔬菜嫩脆，而且有利于保持营养成分。

其实炒的方法也是多种多样的，但是万变不离其宗：一般是先将锅烧热，再放油烧热。一开始先炒肉，熟后盛出，然后炒蔬菜，最后将炒好的肉倒回锅中，放入调味汁或调料，收汁后出锅装盘。

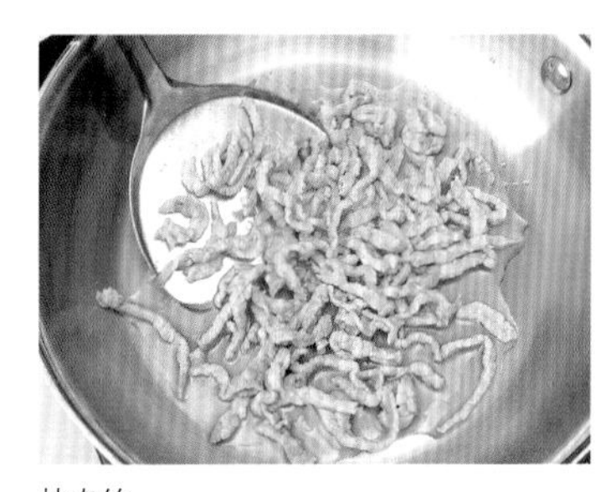

炒肉丝

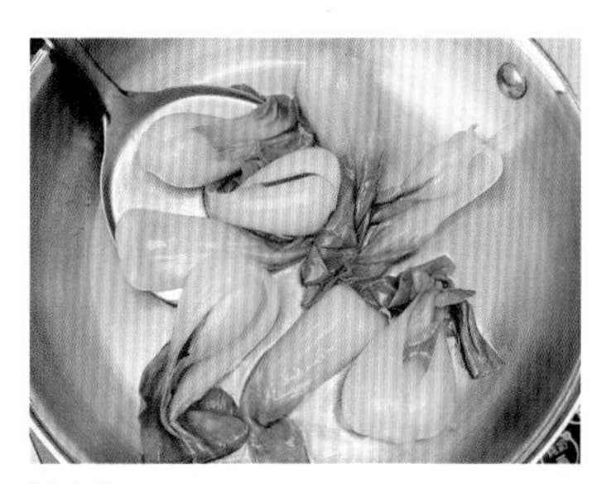

炒青菜

炒糖色

糖色一般用于菜的着色，使成品色泽美观、诱人。一般都是用冰糖炒糖色，因为冰糖制成的糖色红润发亮，质量最好。实在没有冰糖，用白砂糖也可以。

炒糖色的方法：锅中先放上少量油，放糖后再用小火（一定是小火）翻炒，直到糖变成棕红色的糖色汁液。炒糖色要注意根据所做的菜来决定其颜色的深浅。炒糖色分为油炒、水炒、油水混合炒几种方法，第一次炒的时候掌握不好，可以用少量水炒制。

往油锅里下白砂糖

糖炒成棕红色

放入五花肉炒

爆

爆是一种急火快炒的烹调方法，要求芡汁要包住原料而且有油亮的光泽。爆这种方法就是将加工好的原料（上浆或不上浆均可）先炒熟，同时碗内对好调味汁，然后炒配料，再放入主料，最后以调味汁勾芡，急火翻炒均匀，马上出锅，整个过程要求火力一定要够猛。

将上浆的鸡丁过油

加入配料，勾芡爆炒

熘和炖

熘

熘是用旺火急烹的一种方法。熘制的菜肴一般都要用到卤汁，有一种是白汁，不加酱油，适用于鸡、鱼、虾等食物；另一种要加少量酱油的，兼给菜品上色，适用于猪肉、牛肉等。熘的操作方法一般可以分为两个步骤：首先将原料经过油炸或者焯煮至八成熟，然后锅中放油烧热，在锅中调制卤汁，把八成熟的原料放入卤汁中搅拌翻炒。

滑熘

滑熘主要用于烹制小的无骨原料。烹制时先将原料腌制入味，再用蛋清、面粉挂糊，放入五成热的油锅中滑炒，待八成熟盛出，再用旺火将油烧热，加入调味汁，最后放入原料，翻炒均匀后取出装盘。

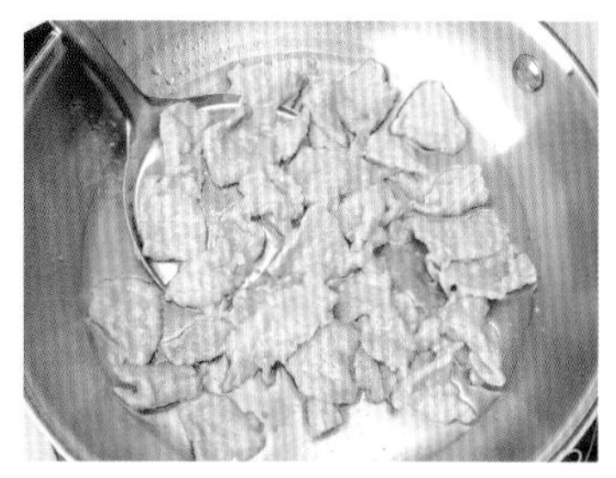

滑炒里脊片

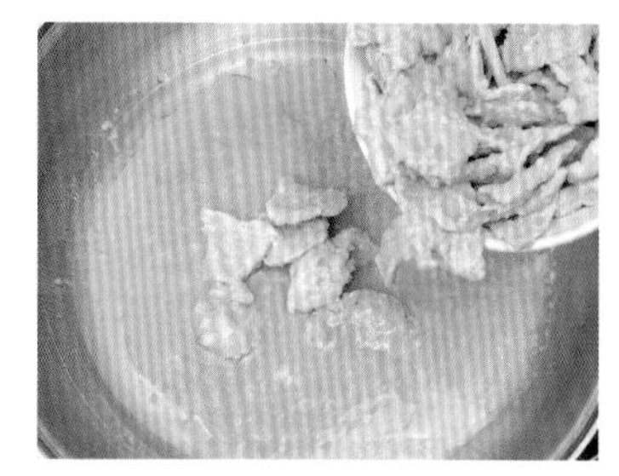

在锅中调味汁里下里脊片

脆熘

又称炸熘或焦熘。先将原料切小，再腌制入味，然后挂糊；或者用干面粉滚拌后，放入油锅内炸。锅中一般要多放一些油，用旺火加热原料，待原料金黄发硬时取出。另起锅放油，油量根据卤汁的多少而定，油热时先放入葱、姜，再放料酒、白糖、盐、水淀粉，然后放入香油、蒜泥及醋做成卤汁，最后将卤汁淋在原料上。要注意的是：原料还在大油锅内炸时，就要在另一个小油锅中同时做卤汁，待原料出锅时，卤汁也做好了，这时再浇上卤汁——这种方法是很考验新手的。

炖

分为隔水炖和不隔水炖，这里主要介绍一下隔水炖。隔水炖，即隔水加热，使原料成熟。一般是先把原料洗净飞水后放入瓷制或陶制的容器内，加葱、姜等调料，加盖密封，然后放入蒸锅中，加热至料熟即可。时间一般是先大火炖1小时左右，待汤沸透之后改小火炖。如果觉得主料不够熟烂入味，也可以再延长炖的时间。

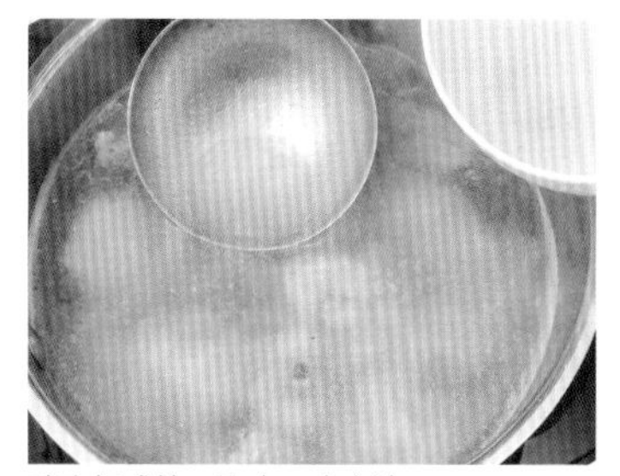

鸡肉切成块，飞水，去血沫

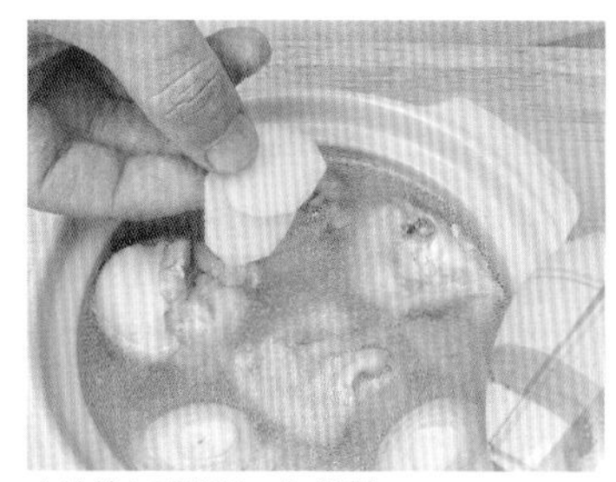

肉块放入砂锅里，加调料

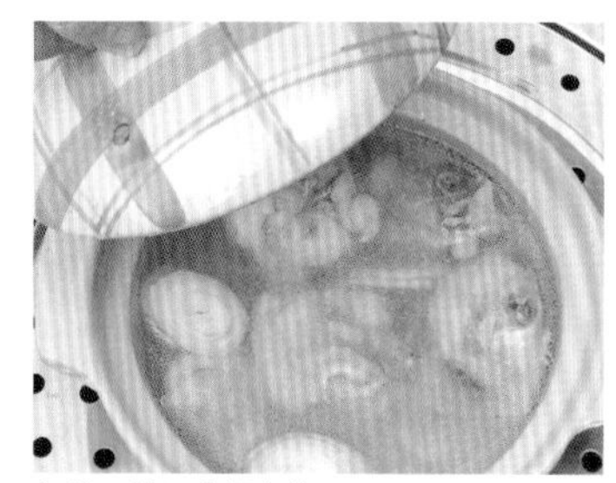

加盖，放入蒸锅中炖

飘渺汤烟，丰厚文韵

煲汤绝对是一门美食艺术，虽谈不上雍容华贵，但它却历经了数千年的沉淀，提炼精华而成。在煲汤的时候，我们总能很真切地体验到其中的精妙之处，赞叹之余，感悟良多…… 什么样的器皿适合煲汤？需要我们留意什么？如何在繁多的原料、调料中选得你最需要的那几味……汤品之妙便在于此，汤之器、汤之料，当然还有汤之情——这就是藏在你心中的那味料了……

悠然汤史，怡然养生

历经数千年的历史沉淀，饮汤、品汤逐渐成为人们生活中不可缺少的一部分。也正因如此，一碗汤水之中蕴涵着的博大精深的饮食文化历史，以及对煲汤食材的精细追求逐渐得到了人们的重视。那么就让我们一起放慢忙碌的步伐，重拾历史，重拾健康，一起细品汤之文化。

汤品的历史可以追溯到公元前 8000 年，早在那时，我国东部地区的人类就会使用自制的粗陶容器加入些许河水来煮一些谷物，那时的人类常常会围坐在一起，平均分配谷汤用以充饥。这大概就是汤的雏形了。如果你喜好历史，也许你会读到在古希腊举办的奥林匹克运动会上，每个运动员都要携带自家的一只牲畜在宙斯神庙中集合，这些牲畜先会被用来作为祭祀品，尔后遵照古时的传统仪式投入一口大锅中熬煮上几个小时，煮好后，肉会被取出分给在座的包括运动员、来宾等人共同分享，而汤汁却只保留给运动员饮用，这足以彰显汤的珍贵。可见，那个时候的人们就已经深知汤的营养价值了。

历经千年香更浓，在上千年的发展变化之中，汤水的烹饪之道也在不停地更新换代。由最初的“火烤法”发展到“水煮法”和“汽蒸法”，而这不光是汤品口味上的升级，更是对人类身体健康的保证。在我国，饮汤的历史长达 3000 年。据专家考证，迄今为止最古老的汤谱就是在中国找到的，这本汤谱中载有 10 余种汤的雏形。民以食为天，食以汤为先，在我国 3000 年的饮食文化的历史之中，汤品占了不可或缺的一席之地。

汤品的滋补保健价值很早就得到了人们的认可，许多国家都将喝汤作为有效的健康养生之法。只要食材相宜，火候得当，一碗营养靓汤绝对是佐餐的佳品。汤的养生之道走的是平民路线，无论是谁，只要掌握了一定的方法，都能够享受到营养靓汤。

汤品之养生四季篇

一年有四季，春季万物生发，夏季生长旺盛，秋季阳消阴长，冬季万物休眠……这些不仅仅是自然的规律，人体其实也在按照这些规律进行着新陈代谢。所以人的生活也应该顺应天时，饮食要因时制宜，因人而异。汤作为养生食品的首选，也适用这个道理。在这里，我们为你准备了一些汤品养生的建议，为你的四季养生注入新元素！

春色阑珊，温情煮意

春天，我们的身体需要全面的呵护，尤其是在刚刚立春的时候，早晚温差很大，吃什么才能顺心？穿什么才能舒服？这两个问题是在这段时间里大家最为关注的。在饮食上，可以选择些热量较高的汤品，用以补充体内热量，增强身体的抵抗力。胡萝卜、猪肝、菠菜、牛肉、鸡肉都是非常好的煲汤食材。

夏日炎炎，清爽怡情

夏季，留给人们唯一的印象便是骄阳似火。人们的食欲也随着温度的升高而逐渐降低。“色诱”是激发食欲的最好招数。新鲜水灵的瓜果蔬菜在此时层出不穷，一场由色彩引发的煲汤大战从这里拉开序幕，番茄、黄瓜、竹笋、西瓜、梨子都是清热祛暑的行家。此外，还可以选择豆类、菌类、瘦肉类的食材与之相伴，这样可以有效地激发食欲，使身体保持最佳状态。

秋波盈盈，润心滋养

秋季，尤其秋分过后，雨水渐少，秋燥便登上了“舞台”。清热润肺是我们在此时煲汤品汤的目的之一，应多以核桃、百合、蜂蜜、牛奶、花生、山药、红枣、莲子作为汤品的食材。对女性而言，由于秋季空气湿度小，而且常有风，皮肤非常容易干燥，所以一定要选择一些可以滋润、养颜的食材，比如燕窝、银耳等。

腊月寒冬，养精蓄锐

冬季，为了让身体可以暖暖地轻松过冬，人们开始忙着进补，蓄积热量。这时养精蓄锐，能为来年的身体健康打下坚实基础。羊肉、牛肉、鸡肉、鸭肉等都是不错的煲汤食材。此外，还可以选择一些辛辣的食物作为煲汤的原料，如辣椒、桂皮、花椒等香辛料，都具有温热祛寒的作用。

煲出好汤，不败秘方

欲善其事，先利其器

要想煲出好汤，首先要选对器皿。不要小看这些容器，形状、材质等的不同，都会影响到汤品的口感。正所谓欲善其事，先利其器，只有找到合适的器皿，汤品才能在分分秒秒的微滚之间褪尽浮华，彰显诱人本色……

小火慢功之砂锅

砂锅是用粗沙配上我国西北地区特产的胶泥烧制而成的，所以耐酸、耐碱的能力远高于金属锅具。它手感粗糙，色泽青灰，既透气又保温，而且传热均匀。用砂锅煲汤的好处就在于它升温慢散热也慢，食材在砂锅内能够始终保持特有的味道。

使用砂锅的小窍门很多，但一定要注意以下三点：第一，汤品需要加水时，不要加冷水，而应加温水或热水。第二，煮汤时，汤水不能一次加得太满，否则沸腾时会溢出。第三，当汤煮好后，不要接触瓷砖，应将砂锅放在木质或草质的锅垫上，也可以放在金属丝制成的锅围上，这样有利于砂锅均匀散热。

天然雕饰之紫砂锅

紫砂是我国特有的矿产资源，历来被文人雅士奉为至宝。后有有识之士将其作为锅体的原材料，实为美食领域的一大创举。紫砂锅不含任何有害物质，且含铁量极高，还富含多种人体所需微量元素。所以，用紫砂锅煲出的汤品，除了味道好、清新自然外，还富含有利于人体的各种营养成分。

紫砂锅有些娇气，内胆比较容易断裂，所以新买的紫砂锅最好先煲一次骨头汤，这样可以使紫砂内胆吸收油分，从而变得润滑而不过分刚硬。

原汁原味之汽锅

汽锅原产于云南，是一种外观新颖别致的土陶蒸锅，特别适于烹煮肉类汤品。用汽锅煲汤时需将斩成小块的肉与姜、葱、草果等调味品同时放入锅内，盖好盖子，再将汽锅置于一个盛满水的汤锅之上，待汤锅中的水沸腾后，转小火烧 3 ~ 4 个小时，蒸汽便会通过汽锅中间的汽嘴上升至汽锅内，将肉逐渐蒸熟。

使用汽锅时需要注意的是，一定要防止漏气，漏气会大大削减汤品鲜美的口感。应先用纱布将盖子的隙缝堵好，再放到火上蒸煮。由于汤汁是蒸汽凝结而成的，所以肉的鲜味在蒸的过程中极少流失，能够完全保持汤品的原汁原味。

民族风情之石锅

石锅是我国珞巴族的特产，经过演变逐渐成为一种煲汤的好锅具。石锅主要以皂石为原材料，皂石是一种质地较为绵软的石头，其矿物质含量极为丰富，用中小火慢烧石锅，会将其中的微量元素释放出来，这样煲出的汤品对人体有很好的保健功效。

石锅内壁的密度较大，汤水会热得很慢，所以用石锅煲汤时一定要注意掌握好火候。如果按平时煲汤的方法——用大火烧开汤水后立即转小火慢慢煲，很难保证汤水一直保持在微滚的状态。所以用大火烧开汤水后，一定要用中火烧石锅，以保证汤品质量。

易如反掌之不锈钢汤锅

不锈钢汤锅是最新的煲汤锅具，锅体升温迅速，食材也很容易熟透。对于过着快节奏生活的现代人群来说，用不锈钢汤锅为家人煲一锅快熟靓汤也是不错的选择。

不锈钢汤锅除煲汤之外，还有很多用处，如煮面条、煮饺子、熬粥等。不锈钢汤锅清洗起来也非常方便。但是，要想煲出一锅好汤，还是建议选择砂锅等专门煲汤的锅具。

煲汤之章法

俗话说："民以食为天。"实际上，吃得营养健康才是关键，作为滋补佳品的汤品，自然是人们青睐的对象。煲汤的细节更要循章法、得要领，这样才能煲出一碗营养靓汤。要使喝汤真正起到健体强身的作用，在汤的制作过程中和饮用时一定要注重科学，五步章法缺一不可。

章法一：味随料迁，新鲜生情

煲汤用的原料一定要选新鲜的，鸭肉、鸡肉、猪肘、猪骨、牛骨、鱼类、绿色蔬菜、菌类等，都是煲汤的好材料。要注意的是，无论用哪种原材料，都要保证鲜味够足。如选用肉类做主料，还要注意在煲汤时要最大限度地去除血污，这样煲出的汤才能足够清澈；而所选用的肉类原材料也要绝对新鲜，因为新鲜肉类的营养成分最易被人体吸收，而且味道也最佳。

章法二：所谓佳酿，在水一方

要想煲出好汤，食材的选择是最关键的，但也绝不要忽视对水量的控制。水，作为各种食材释放营养的最佳介质，对汤的味道、口感也有着直接的影响。

水量一般以比食材多出2～3倍为宜，同时注意不要直接用沸水煲汤，应使食材与清水有共同加热的过程，这样食材中的营养物质才能融入汤中。还要注意的是，烹制汤品时，水一定要一次性加足量，烹制过程中不宜加水。

章法三：火候大小，文武之道

火候也是煲汤的关键，一般分为武火（即大火）、中火、文火（即慢火）三种。火候的控制有个简单的口诀——大火烧沸、小火慢煨。遵照这个口诀来煲汤，一般都能达到很好的效果。首先开大火能够使食材中的各种元素最大限度地溶解出来，尤其是加入香辛料的汤品，大火能够迅速、彻底地使香辛料中的挥发油融入汤中，然后改用小火慢慢煨制食材，汤的口感才会更加鲜醇。

章法四：锱铢必较，天成好汤

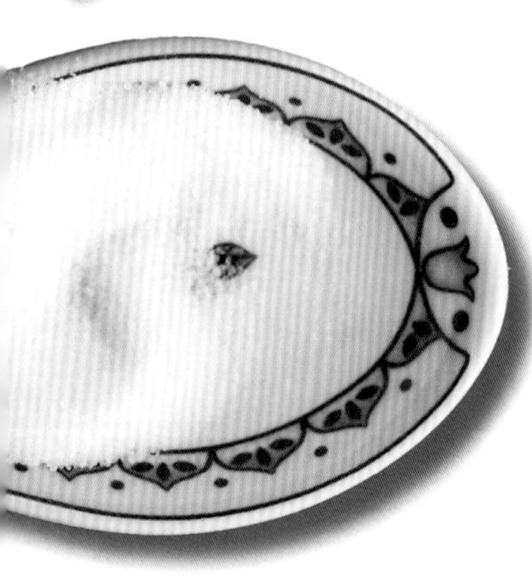

煲汤更要注重对细节的把握。首先要注意的是煲汤时盐要最后放，因为盐有渗透作用，如果早放会使食材中的水分溢出，导致汤的口味大打折扣。其次，一般情况下，60℃～80℃的温度会破坏蔬菜中的营养元素，而煲汤会使食材的温度长时间维持在85℃～100℃，也就是汤的微滚状态，所以，如果需要加蔬菜，就要尽量晚一些放入汤中，以减少营养元素的破坏。最后，在汤中添加鸡精、芝麻油、胡椒粉、葱、姜、蒜等作料时，要注意用量不宜过多，以免掩盖汤品原本的鲜香味。

章法五：将欲食之，必先饮之

常言道：饭前喝汤，苗条健康；饭后喝汤，越喝越胖。这其中还是有一定道理的。饭前喝汤，能滋润上消化道，使食物顺利下咽，饭中喝汤有益于胃肠道对食物的吸收和消化。饭前喝汤，会占用胃的部分空间，这样会减少主食的摄入量，从而起到塑身的作用；饭后喝汤，则容易营养过剩，从而导致肥胖。

煲汤锦囊，百战不殆

煲汤属慢工，但实际上这看似只需静等的事，其中也有许多捷径。以下，一个个锦囊妙计为你奉上，使你在煲汤的过程中更加游刃有余、轻松自如。

锦囊一：煎鱼更完整

做鱼汤前，都要将鱼身放入煎锅中煎制一下，然而，往往就在此时，鱼身的完整性容易被破坏，从而影响了鱼汤的美观，现在就教你两个保持鱼身完整的小窍门。

1. 将鱼洗净后，将盐均匀涂抹在鱼身上，然后将其静置 15 分钟，再将鱼置于流动的水中冲洗干净，沥干水分后放入锅中，煎至双面金黄、半熟即可。
2. 第二个方法就是用姜在煎锅底层及周围均匀涂抹一层薄薄的姜汁，再倒入油煎制，这样不但可以去除鱼的腥味，而且能使鱼皮和锅底分离，保证鱼身的完整。

锦囊二：鱼肉更鲜嫩

鱼汤鲜美浓香，而这鱼肉也要毫不逊色才好。要保证鱼肉鲜嫩，久煮不老，可以在煮鱼汤时向锅中加入少许啤酒，这样可以有效地去除鱼腥味，更能使鱼肉鲜嫩可口。

锦囊三：鱼汤更奶白

鱼汤煲得好不好，从颜色上便能一目了然。洁白通透的鱼汤，光是看着就能令人沉醉。要保证鱼汤的汤色奶白，只要控制好火候即可。将煎好的鱼放入锅中后一定要一次添足水，之前的 10 分钟先用大火煮沸，使鱼肉中的蛋白质分解后充分释放出来，这样鱼汤就会呈现出诱人的奶白色，也会更加美味。

锦囊四：飞水小妙招

一般煲煮肉汤的时候，都会有很多血沫，此时，这个飞水就显得非常重要：

1. 将肉类清洗干净，放入清水中煮开后血沫会自然漂浮于肉汤中，这时可以选择将肉捞出后放在温水中清洗干净。需要注意的是，清洗肉块时一定要选用温开水，温开水可以保证肉质更嫩，再将飞过水的肉投入另一锅温水中继续熬煮即可。
2. 还可以直接在第一锅汤中将浮沫撇去——用一只大汤勺，旁边放置一盆清水，每撇去一层浮沫都将勺子在清水中涮干净，这样浮沫也可以去除得很干净。

锦囊五：骨汤更多钙

家家户户都爱喝骨头汤的原因不单单是因为其鲜美香醇，更因其中含有丰富的钙质，对人体健康非常有益。但如果只是简单地煲煮骨汤，骨头中的钙质只能析出很少的一部分，想最大限度地释放出骨头中的钙质，可以在烹制猪骨或牛骨汤的时候，在汤中滴入几滴米醋，醋能够使猪骨、牛骨中的钙元素更多地溶解于汤汁中。这样，骨汤才能更营养、更美味。

百味汤料谱

汤文化的博大精深，有很大一部分在于制汤的食材种类之繁多，足以让每一个精于煲汤的人都感到眼花缭乱。由于各种食材的性状不同，因此如何选择原料就变得大有学问。有它们在的地方就充满了营养与健康的快乐音符。想不想使平凡的汤品从色泽到口味都焕然一新？快来成为这百味汤料的主宰者，尽享它们为你谱写的欢乐乐章。

莲子

新鲜的莲子白白胖胖，甚是可爱。它对人体骨骼非常有益，更有养心安神的功效。新鲜莲子只有夏末初秋之时才有，所以喜欢吃鲜莲子的你千万不要错过这段宝贵的时间。莲子是聪明果子，脑力劳动者和老年人可以经常食用，它不仅能增强记忆力，还能提高工作效率哦！

红枣

红枣的甘甜总是让人爱不释口，谁会抗拒这种既营养又美味的食物呢？小小一颗红枣，营养功效却很全面，尤其是对女性，能够起到养血安神、补气养颜的作用。用红枣煲汤前最好还是把核去掉，这样一来就不会在品汤之时被小小的枣核坏了兴致，而且被剖开的枣肉会使汤品更加香甜可口。

银耳

银耳是个会变魔术的小家伙，本来干干黄黄的一小块，放入温水中浸泡一小会儿，就变成了晶莹剔透、弹性十足的大块头。坚持饮用银耳汤，你会发现自己的皮肤渐渐变得白白的、嫩嫩的、水水的。还可以将银耳放入水中煮至软烂，取出捣成泥晾温，敷在面部，美容养颜效果显著。

木耳

木耳堪称我们生活中的“百事通”，汤、粥、菜、饭、面、馅中都会有它的踪影。它吃起来口感柔软爽滑，味道鲜美可口，更能令肌肤看起来红润有光泽。市场上的木耳很容易被以次充好，这就需要精心挑选。质量好的木耳正面发灰、背面发黑，肉较厚，很脆。

枸杞

颜色鲜艳的枸杞，向来都是掌厨者的最爱，它不但营养丰富，运用也很广泛。枸杞很娇气，稍不注意保存就会变色、变质，所以一定要将枸杞放入密封容器内，最好是拧盖的玻璃瓶，然后将其放入冰箱的冷藏室内保存，这样可以非常有效地保持枸杞红艳的色泽及香甜的口感。老年人多吃些枸杞，可以起到降血压、降血脂、降血糖的作用。

山药

山药肉质白嫩，口感绵软甘甜，非常适合煲汤。然而，它却有一层令人生畏的外衣，所以在清理山药的时候，最便捷、最简单的方法就是戴上一副一次性手套，这样皮肤就不会触碰到山药的外皮了。鸡汤中的山药最为鲜美可口，吃起来滑滑的、软软的，浸满了鸡汤的鲜香，而且营养丰富，能够增强人体免疫力，延缓衰老。

核桃仁

千万别小看这其貌不扬的核桃仁，它可是补脑、健脑的高手。另外，核桃仁中的油分更有滋养皮肤的作用。如果你想要一头乌黑柔顺的头发，那就继续多吃核桃仁吧。中年人吃核桃仁能够缓解脑部疲劳，增强记忆力，滋润肌肤，延缓衰老。

党参

党参几乎具备了人参所有的保健功效，但作用要相对弱一些，所以将其入汤对人体很有好处，尤其适合在秋、冬两季饮用。在一般的中药店都可以买到党参，它的一大特点是能够升高血糖，所以有低血糖病症的人，可以经常饮用一些党参汤。

白芷

白芷是女性的好朋友，因为它具有美容驻颜的功效。常常饮用白芷汤，能够改善血液循环，消除色素在体内的过度沉积，促进肌肤的新陈代谢，从而达到滋润肌肤、延缓衰老的目的。除了用来煲汤之外，还可将白芷研磨成粉，与蜂蜜搅拌均匀，敷面 20 分钟，坚持使用，你的肌肤一定会逐渐改善。

银杏果

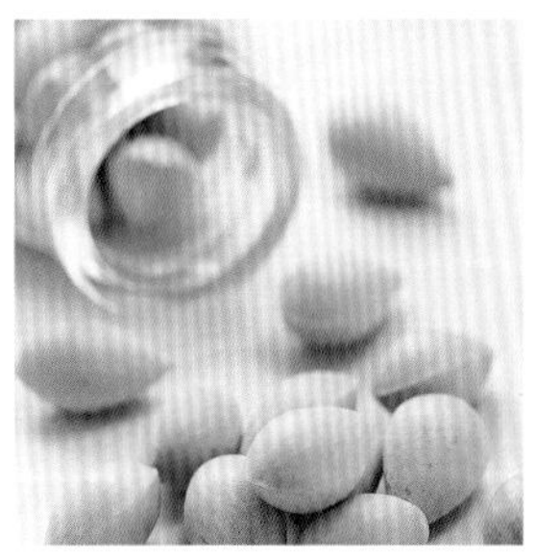

银杏果又叫白果，每年秋季，银杏树叶金黄之时，便是银杏果落地成熟的时刻。银杏果是绝对不能生食的，一定要煮至熟透，且成年人一次最多吃 5 个，为安全起见小孩子就不要吃了。成年人食用银杏果能够改善大脑功能，增强记忆力。将它保存在冰箱的冷冻室内即可。

当归

当归是女人的“保护神”。在经期，当归能够活血补血、调经止痛；在平时，以当归入汤，是对女性身体最好的呵护方式。当归摸起来质地柔韧，煲汤前可将其冲洗干净，放入温水中浸泡，煲汤的时候将当归及泡好的当归水一齐倒入汤锅中，这样当归的营养成分容易释放出来，且会大大缩短煲汤的时间。

薏米

塑身、美容是薏米的两大功效，是不是听起来就很诱人？它确实是个厉害的角色。用薏米煲汤，汤水中会溢满米香，薏米吸收了充足的汤汁，变得晶莹圆滑，吃起来弹弹的，还非常容易消化。

陈皮

陈皮非常适合夏季煲汤时使用，与肉类同煮，能够去腻留香，平添一分萦绕满屋的甘香气味，风味独到。用陈皮煲汤前，要先将其用清水洗净，再用温水浸泡，待陈皮变软即可取出。用小刀将内侧白色物质刮掉，煮出的汤就会甘甜可口，一点都不苦涩了。

南杏仁

南杏仁又称甜杏仁，外表白皙细腻，口感香甜。南杏仁能够增强人体免疫力，延缓衰老，调节血脂。除此之外，它还有润肺的功效，非常适合秋季煲汤时使用。

桂圆

桂圆又叫龙眼，是一种广为人知的益智果子。干桂圆非常美味，剥去外壳后，桂圆肉上会残留一层沙，一定要放在清水中漂洗一下，但不要用力揉搓。桂圆入汤非常清甜鲜香。

第二章

最爱家常菜

蔬菜、豆腐、猪肉、牛肉、鸡肉、鸡蛋，

就这些食材，

怎么可以有那么多的做法，而且怎么吃都不厌倦？

虽然家常，可是却浓缩了我们先人们多少年的智慧，

代代传承，又加以改良，越来越适合现代人的口味。

再来一盘也不多

拌三丝

烹饪时间 15分钟
难易程度 简单

特色

把你喜欢的食材做成细丝，千丝万缕全都拌在一起，然后让它们的味道一缕缕地袭上唇舌，这是一种非常美妙的体验。经常会不知不觉间就把一盘都吃光——没关系，它营养丰富且热量低，就算是爱美的人也可以大口大口地吃，再来一盘也无妨！

主料

白萝卜	1根
红彩椒	1个
黄瓜	2根

调料

盐	1小匙
香油	少许
鸡精	1小匙

做法

1. 白萝卜、红彩椒与黄瓜分别洗净。将白萝卜切去蒂部比较硬的部分和尾部的小细须，斜切成若干段。这样，每段的两个切面都是可爱的椭圆形，把它转一下，一个椭圆面稳稳地就贴在案板上了。这时，再从侧面将白萝卜段切成菱形薄片，最后把这些菱形片一片搭一片地码好，再切成细丝。如果需要比较长的丝，切段的角度就应大些。

2. 处理黄瓜的方法和处理白萝卜差不多。先将黄瓜顶部的两个小柄切去，再按照萝卜切丝的方法切就可以了。红彩椒去掉蒂和籽，切丝备用。

3. 盘内放入全部的蔬菜丝，淋上香油，加入盐和鸡精，搅拌均匀，这道清清爽爽的凉菜就完成了。

温馨提示

是不是觉得自己这个新手，切出如此细的丝有些难度呢？别灰心，慢慢来，现在咱们不是还有擦丝器这个好帮手吗？擦丝的时候可要注意力度，当心手被擦伤。

学一送一

老虎菜

这名字听起来挺唬人，其实就是用黄瓜丝、尖椒丝、葱丝和香菜段，再加上盐、鸡精、香油搅拌而成。就这么简单，味道一级棒。

大筵席也不能少的
凉拌素什锦
烹饪时间 15分钟
难易程度 简单

特色

各色的原料簇拥在一起，料多味全，虽说是道小菜，但每年的年夜饭或是在家宴客的时候，素什锦都是筵席中不可缺少的一环。平时做给自己吃或是在大筵席上打头阵，凉拌素什锦都是必不可少的，千万不要小瞧这小菜中的大人物！

主料

腐竹	50g
胡萝卜	50g
木耳	30g
苦瓜	30g
西兰花	50g
花生米	20g

辅料

蒜	4瓣

调料

盐	1小匙
糖	1小匙
醋	1小匙
香油	1小匙
鸡精	1/2小匙

做法

1. 腐竹用温开水泡开。木耳也用温水泡开，择去根，洗净。

2. 胡萝卜去皮，切成片，喜欢的话切成小花也挺不错；苦瓜洗净，去籽，切成片；西兰花掰成小朵，备用。

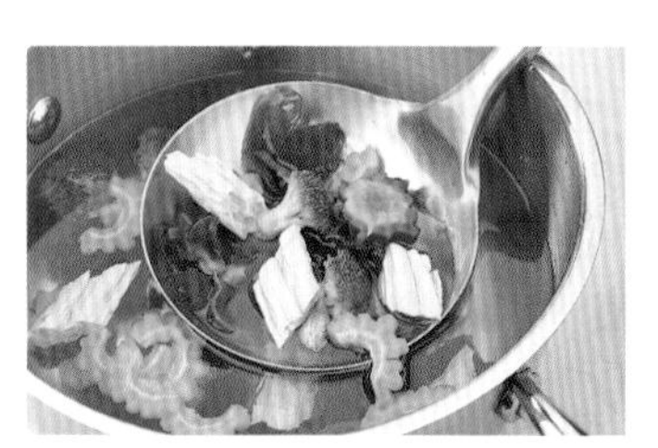

3. 锅中烧开水，把花生米煮熟。将胡萝卜、苦瓜、西兰花放进沸水中焯一下；泡好的腐竹和木耳也焯一下，取出后马上放入凉水中，保证口感清脆。

4. 把蒜剁成蓉(可以先拍再剁)，放在小碗里，加香油浸泡，再加糖、盐、鸡精、醋，搅拌均匀，最后将拌好的蒜蓉放到焯好的菜中搅拌即可。

温馨提示

1. 腐竹营养丰富，我们都爱吃，但是一定要在正规商场购买；泡腐竹，记住一定是温开水，不能用热水，否则易导致外面熟了，里面还是硬心。
2. 先用香油浸泡蒜蓉会有特殊的香味，这是拌凉菜味道好的关键。

最爱红脸蛋

芝麻花生菠菜

烹饪时间 5分钟
难易程度 简单

主料

菠菜	200g
花生	50g

辅料

芝麻	适量

调料

盐	1/2 小匙
醋	1 大匙
鸡精	少许
香油	少许

特色

这是一道让你一吃就上瘾的小菜。菠菜里面含有丰富的铁，论补血它可是高手中的高手。经常吃些菠菜，面色白里透红惹人爱。

做法

1. 菠菜洗净，放在开水中焯一下，捞出放凉水中浸一下，捞出沥干水分。

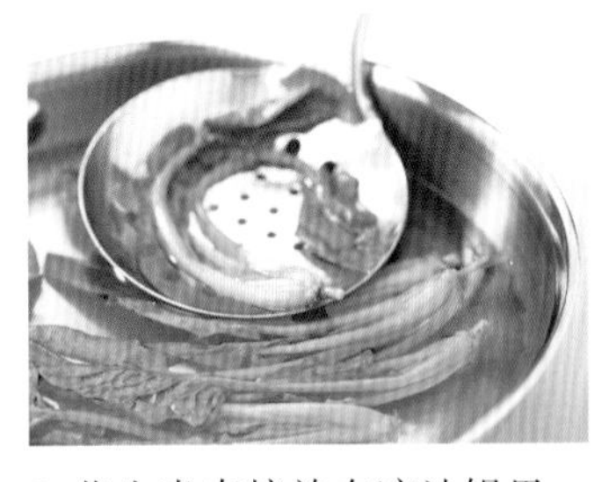

2. 花生米直接放在凉油锅里，再倒入少量油加热。加热时要不停地翻动花生。火要小些，直到听到不断有“噼啪”的声音，感觉花生米的分量轻了，就可以盛出。

3. 把菠菜和花生米放在盘中，放盐、鸡精、香油、醋，最后撒上芝麻，搅拌均匀就可以吃了。醋最好是陈醋或者香醋，味道才会很棒。

主料

娃娃菜	2 棵

辅料

红彩椒	30g
黄彩椒	30g
韭菜	20g
胡萝卜	30g

调料

鲜鸡汤	适量
鸡精	2 小匙
盐	2 小匙
胡椒粉	1 小匙

特色

人说“百菜还是白菜好”，娃娃菜正是这大白菜的“微缩版”，浓缩的都是精华——这话一点也没错。这白白嫩嫩的娃娃菜浓缩了所有鲜汤中的精华，变得甜中带鲜，还不失嫩爽的口感。这还不够，它还像个小姑娘一样打扮得披红戴绿的，看着就惹人喜爱。

温馨提示

注意，焯娃娃菜的时候不要焯散，可用牙签加以固定。盛出之后最好用凉水浸凉，这样可以使菜的口感更佳。

万千宠爱于一身的

鸡汤娃娃菜

烹饪时间 20 分钟

难易程度 简单

做法

1. 将红彩椒、黄彩椒、胡萝卜分别洗净，切成丝。韭菜择洗干净，切成长段。
2. 将娃娃菜洗净，放入沸水中焯一下，盛出后用凉水浸凉。
3. 将彩椒丝、胡萝卜丝、韭菜段入容器中，加适量盐、胡椒粉拌匀，然后分散着夹在娃娃菜的夹层中，再把娃娃菜按照原来的模样裹好，切成段，放在一个深盘中。
4. 鲜鸡汤中放入适量盐和鸡精搅拌均匀，淋在娃娃菜上，放在蒸锅中，隔水大火蒸十几分钟后出锅即可。

出淤泥而不染

荷塘月色

烹饪时间 15分钟

难易程度 简单

特色

即便是新手也能让自己做出的菜带出几分清高的气质。这道荷塘月色从选料到色彩搭配都很讲究，经过精心烹饪，摆在众人面前的俨然是一幅荷塘美景，出淤泥而不染的高雅气质让人们连吃菜的动作都变得斯文起来。

主料

西兰花	100g
藕	100g
鲜香菇	3朵
樱桃萝卜	3个
莲子	25g

辅料

葱花	5g

调料

盐	1小匙
鸡精	1小匙
油	适量

做法

1. 莲子先用温开水浸泡。藕洗净后刮皮，切成片。西兰花掰成小朵，洗净。樱桃萝卜洗净，切成月牙块（不用去皮）。鲜香菇洗净切成丝，备用。

2. 烧一锅水，水开后煮莲子，要多煮一小会儿，快熟的时候依次入西兰花、香菇丝和藕片焯一下，捞出后放入凉水中浸一下。

3. 锅中放少量油烧至五成热，放葱花爆出香味，然后依次放入西兰花、藕片、香菇丝、莲子、樱桃萝卜，翻炒几下，加盐和鸡精调味即可。

温馨提示

1. 莲子心是苦的，有清热养神的功效，但是如果不喜欢苦味可以将莲子心抽出来。
2. 西兰花是非常健康的蔬菜，富含维C和硒，有防癌抗癌的功效。

第一道想学的菜

西红柿炒鸡蛋

烹饪时间 10分钟

难易程度 简单

主料

西红柿	250g
鸡蛋	4个

辅料

葱末	少许

调料

盐	1/2大匙
鸡精	2小匙
白糖	1小匙
油	20mL

主要营养成分

西红柿是番茄红素、维生素C、维生素D的优质来源。另外，西红柿中铁、钙、镁的含量也很丰富，有助于补血。

特色

恐怕许多人对西红柿炒鸡蛋都有着特别的感情。从小就爱吃西红柿炒鸡蛋，长大后第一道想学着做的菜也是它。自己做出一道菜的成就感，只有试过才知道，还像小时候一样的酸酸甜甜，还像小时候一样舀上一勺汤，拌着米饭大口大口地吃……好好品尝自己的手艺吧！

做法

1. 先将西红柿洗净，用刀小心地将硬蒂挖去，再把西红柿纵向对半切开，然后切块，块的大小只要合适就行。鸡蛋磕入碗里，加少许盐打散，备用。
2. 锅内放油，烧热后放入蛋液迅速炒散，盛出备用。
3. 将切好的西红柿、葱末放入烧热的油锅中，用中小火翻炒一会儿，再把鸡蛋放回锅内，放入盐、白糖、鸡精炒匀，就可以出锅了。

温馨提示

1. 炒鸡蛋时，一开始尽量别把鸡蛋炒得太散，否则到最后就会变成“西红柿炒鸡蛋渣”了。
2. 这道菜伴米饭吃，或者是当卤伴面条吃都很好，不同的是伴饭的时候宜甜，伴面时宜咸。
3. 糖在这道菜中可以起到中和作用，因为西红柿多酸，根据自己喜好放入即可。

主料

西兰花　　1棵（约500g）
胡萝卜　　75g

辅料

蒜蓉　　少许

调料

盐　　1小匙
鸡精　　1小匙
香油　　1小匙

主要营养成分

西兰花营养丰富，其中的多种维生素含量更是超过了其他蔬菜，多食用可以提高免疫力。

绿野仙踪

凉拌西兰花

烹饪时间 10分钟
难易程度 简单

温馨提示

挑选西兰花时，手感越重的质量就越好。不过，不要购买花球过硬的，这样的西兰花比较老。西兰花购买后最好在4天内吃完，否则就不新鲜了。

特色

红绿相间的俊雅相貌，清新爽口的好滋味，做法如此简单的菜肴，却有着绝对超出你想象的口感和营养！

做法

1. 将西兰花掰成小朵，洗净后用开水焯熟，放入凉水里浸一下，沥干水分，备用。
2. 将胡萝卜切成片（也可以用食品加工机切成漂亮的花式），过水焯熟，沥干水分，备用。
3. 在西兰花、胡萝卜中加入盐、鸡精、蒜蓉、香油，一起拌匀即可。

60 秒香甜回味

咸鸭蛋黄焗南瓜

烹饪时间 15 分钟

难易程度 简单

特色

细细软软的南瓜包裹上一层香香糯糯的咸鸭蛋黄，入口之后先是尝到了咸蛋黄的香，接着是南瓜的甜，再到后来，这两种味道融合到一起，感觉真是太美妙了！每片南瓜都能让你陶醉整整1分钟。

主料

南瓜	200g
咸鸭蛋黄	4只

辅料

豌豆	20g
玉米粒	20g
葱末	少许

调料

油	适量
盐	1/2小匙
鸡精	1/2小匙

做法

1. 豌豆、玉米粒洗净，和咸蛋一同蒸熟。熟咸鸭蛋取黄碾散，备用。

2. 将南瓜洗净去皮，切块备用。

3. 锅中放油，油温热时放入南瓜，大火煸炒至熟，然后加入葱末再煸炒出香味。判断南瓜是否熟了，就看它的边角，如果发软了就是熟了。

4. 等到南瓜熟了之后就倒入蒸好的咸鸭蛋黄、玉米粒、豌豆粒，放入盐和鸡精，再翻炒匀即可。

温馨提示

在炒南瓜的过程中如果觉得水少，也可以沿炒锅边缘倒入少许水或高汤，但千万别放多了，否则就成了熬南瓜了。

软硬兼施的

芹菜炒干丝

烹饪时间 10 分钟

难易程度 简单

特色

这道菜的味道实在不一般，芹菜香气诱人，还混合着熏干的独特味道。两者一个嫩，一个韧，不仅懂得软硬兼施，还通晓柔中带刚之法——厉害！

主料

芹菜	200g
熏干	100g
红彩椒	20g
黄彩椒	20g
葱花	5g
盐	5g
鸡精	5g
油	适量

做法

1. 芹菜洗净，去根，择去叶子留下茎部，切成4cm左右的段。太粗的部分可以先从中间纵切，然后切段。其实，芹菜嫩叶部分营养也很丰富，留下一起入菜也无妨。
2. 红、黄彩椒洗净，切成细丝，熏干切成细丝，备用。
3. 锅中放入油，烧热后放入葱花、熏干丝，炒出香味，看到熏干丝表面开始稍稍变黄的时候，放入芹菜和红、黄彩椒丝，用大火翻炒1 ~ 2分钟，最后放入盐和鸡精炒匀，出锅前淋入少许油，翻炒一下即可。

温馨提示

1. 挑选芹菜的时候，最好选择短而粗壮、叶少且呈翠绿色的；炒芹菜的时候要注意时间不要太长。
2. 这道菜加点肉末炒也很好吃，可以在炒熏干之前先把肉末炒变色然后盛出，等到最后再放入炒熟即可。

学一送一

韭黄炒熏干

其实和这个芹菜炒干丝差不多，调料也基本一致，但是要注意韭黄一定要择洗干净，而且要最后放。喜欢的话，还可以在里面放点胡萝卜丝，好看又好吃。

数它最下饭

红烧茄子

烹饪时间 20 分钟

难易程度 中级

特色

红烧茄子是大受欢迎的家常菜之一。茄子的味道里面充满了油香、酱香，而它的本味却让人捉摸不定，但能肯定的是，无论是一口口地细品，还是大口大口地就着米饭吃，它的味道都能取悦你的唇舌。另外提醒一句：米饭多准备一些，面对这道菜，许多人的饭量都会加倍的！

主料

茄子	2个

辅料

葱末	10g
大料	5g
花椒	8粒
蒜末	适量
小红辣椒段	5g

调料

油	适量
香油	少许
酱油	2小匙
料酒	2小匙
鸡精	1小匙
糖	1小匙
盐	1小匙

做法

1. 将茄子洗净，切成1cm宽、5cm长左右的长条，用少许盐拌匀，腌渍10分钟，挤掉渗出的水分。
2. 锅中放油烧至七成热，油要放得多一些，放入茄子，炸至茄子稍稍变软且基本吃透锅中的油时，捞出沥油。
3. 炒锅中留少许底油，将葱末、花椒、大料、小红辣椒段煸出香味，放入茄子翻炒（注意炒茄子时不要加水），反复炒至茄子软熟时，放入盐翻炒几下。
4. 再加料酒、酱油、糖、鸡精炒匀，盖上锅盖稍稍焖烧一会儿，等到汤汁收得差不多了就关火，最后加入少许香油提味，撒上蒜末翻两下即可出锅。

学一送一

尖椒茄子

常去饭馆的人，一定很熟悉这道菜。这道菜的主料是茄子和尖椒。调料简化为盐、少许酱油、鸡精。茄子和尖椒都切丝，先在油锅中放入茄子煸熟，再加入尖椒，最后放调味料炒匀即可。

美到耳根的

木耳白菜

烹饪时间 20分钟

难易程度 简单

主料

大白菜	500g
木耳	50g

辅料

葱花	10g

调料

盐	1小匙
糖	1小匙
鸡精	1小匙
油	适量

特色

形容一道菜若是用上了"美"字，那含义可就丰富了。这道木耳白菜便是如此：形美、色美、味更美，吃下去人也美，拌上米饭吃更是美。若是做成别的味道，酸亦可，辣也行，怎么吃怎么美，让你一直美到耳根！

做法

1. 将白菜洗净，切片备用；木耳用温水泡发，洗净。
2. 锅中放油烧热，入葱花爆香，下白菜和木耳翻炒。一开始，可能锅里都快满得放不下了，没关系，白菜这家伙一会儿就"服软"了。
3. 等到白菜开始出水的时候，放入盐、糖、鸡精调味，炒匀即可出锅。宴请宾朋的话，还可以撒上点红椒丝加以点缀。

温馨提示

木耳最好洗一下，因为里面可能会有少量沙子和木屑。这道菜如果用娃娃菜和木耳来炒也可以。

爱人笑脸，百合花开

西芹百合

10分钟

简单

主料

西芹	1棵
百合	1个

调料

盐	1小匙
鸡精	1小匙
油	适量

特色

从清洗到成品出锅也就不到10分钟，对于新手来讲也能应付。吃起来感觉西芹脆、百合酥，口中清凉爽口，丝丝微甜更是沁入心间。这道菜不仅营养丰富，而且借着纯洁的百合，寓意也变得丰富起来。香甜的口味在唇舌间萦绕，爱人的笑脸又一次绽放，就像美丽的百合花开。

温馨提示

1. 西芹是很容易熟的菜，所以只要翻炒几下就没问题了，不然就会失去爽脆的口感。
2. 百合烹调的时候要注意观察边缘的颜色，时间不要过长，否则变得面面的，口感上就被大打折扣了。

做法

1. 西芹择去叶子洗净，斜切成薄厚适中的片。
2. 百合掰成一瓣一瓣的，去除外层比较老的部分，洗净备用。
3. 锅中倒入油，油热后加入西芹段，略微翻炒后放入百合。
4. 等到百合边缘的颜色变成透明色了，用盐和鸡精进行调味，就可以出锅了。喜欢的话，还可以撒上一些炸面包丁加以点缀，好看又好吃。

无肉尚可，无辣不欢

干煸豆角

烹饪时间 10分钟

难易程度 简单

特色

在街头的大小餐馆中，干煸豆角也是常被点的一道菜，无论单吃还是佐饭，都很有味道。其实，好味道并非来源于那些点缀在其中的肉末，而是来自于干煸之后变得“沧桑”一些的豆角，还有就是那勾人的辣味。自己在家做，完全可以不放肉末，但是辣椒可不能不放——没辣子，没吃头！

主料

豆角	500g
干红辣椒段	10g

辅料

花椒	10g
蒜片	10g

调料

盐	1 小匙
糖	1 小匙
鸡精	1/2 小匙
生抽	少许
油	适量

做法

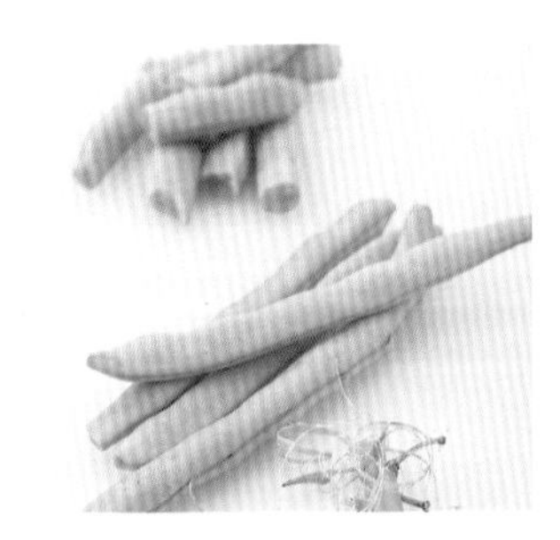

1. 豆角掐去尖端，顺势将两侧老筋撕去，洗净切段，备用。

2. 锅中放油烧热，放入豆角不停翻炒，注意不要炒煳了。炒到豆角缩水、变软、熟透的时候，盛起待用。

3. 锅中留少许底油，放干辣椒段、蒜片、花椒煸出香味。进行这一步时要关好厨房门，打开抽油烟机。

4. 最后倒入煸好的豆角，加盐、糖、鸡精和少许生抽，再翻炒 3~4 分钟就可以出锅了。

温馨提示

干煸就是炒菜的时候油要比炒别的菜多放一些，最好油刚盖过菜。千万不能加水，让菜在油里煎熟。快熟的时候要多翻几下，以防炒煳了，那样整道菜就搞砸了。

好吃赛海鲜的

地三鲜

烹饪时间 15分钟

难易程度 中级

特色

好吃才是王道！土豆、茄子、青椒这三样的外观都算不上是惹人注目，但就是它们三个的搭配，成就了餐桌上的著名组合——地三鲜。

做法

1. 土豆、茄子洗净，切成滚刀块。滚刀块，听上去很专业，其实很简单，就是土豆和茄子在案板上转一点，切一刀，再转一点，再切一刀，总之就是要出现不规则的块就对了。青椒洗净，切开去籽，切成片，备用。

2. 锅中放油（多放一些），烧至七成热时，将土豆块放入，炸成金黄色后捞出，备用。

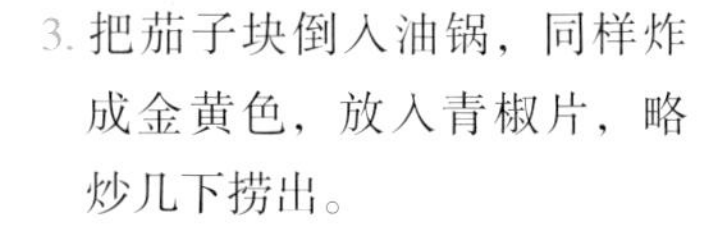

3. 把茄子块倒入油锅，同样炸成金黄色，放入青椒片，略炒几下捞出。

4. 锅中放少许油，爆香蒜片，放入土豆、茄子、青椒，调入盐、糖、酱油，炒至原料熟透即可出锅。

主料

土豆	1个
茄子	1个
青椒	1个

辅料

蒜片	10g

调料

盐	1小匙
酱油	1小匙
白糖	1/2小匙
油	适量

温馨提示

1. 切滚刀块时，滚动的角度越大，切出的块就大，滚动的角度越小，切出的块就小；刀身与材料的横截面所取的夹角大，切出的块就短；夹角小，切出的块就长。
2. 切块的大小也要看烹饪方法。如果原料是用来凉拌，就需要切细长小滚刀块；如果用来炖、焖，那就要切大滚刀块。

虎威犹存的

虎皮尖椒

烹饪时间 15分钟

难易程度 简单

主料

尖椒	250g

调料

盐	1小匙
酱油	2小匙
料酒	少许
油	适量

特色

给它起个这么威风的名字，可不光是因为它穿着一张“老虎皮”。这道菜刚入口时味道咸鲜适宜，可是这种温柔并不会持续多长时间，马上，它就开始在你的口中耍起威风来，大口喘气，大口吃饭，可是不管怎样，咽下之后它还是辣意不减。最有意思的是，人们明明知道它的厉害，却还是忍不住要再来一口。

做法

1. 把新鲜的尖椒清洗干净，去蒂、籽，备用。

2. 锅烧热放少许油，放入尖椒用小火煎制。

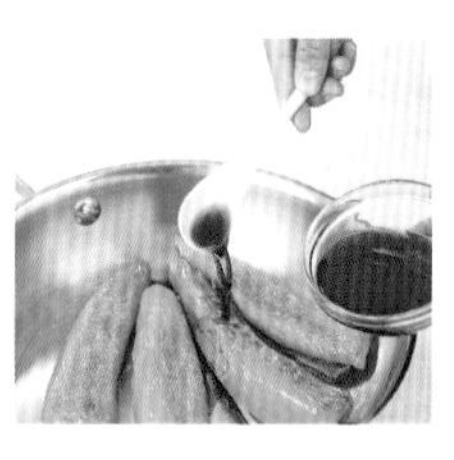

3. 看到尖椒表皮褶皱，并且出现斑点时，再放入酱油、料酒，加入盐翻炒均匀即可出锅。

温馨提示

尖椒去蒂去籽的窍门：左手拿尖椒，右手捏住尖椒蒂，右手先向下推，再向上拉，这样就可以把尖椒和蒂和籽一起取下来了，而尖椒还比较完整。

主料

嫩玉米粒	150g
松仁	75g

辅料

豌豆	50g
葱	10g

调料

盐	1小匙
鸡精	1/2小匙
糖	1/2小匙
香油	少许
油	适量

特色

面对一盘松仁玉米，先克制一下自己对那诱人香味的痴迷，想一想，要想最完美地享受这些香喷喷的小颗粒，应该用什么餐具？当然拿一个大勺来才最过瘾！送一勺到口中，玉米的甜美和松仁的浓香完美结合，为你带来极致享受。到最后，肯定有抱住盘子不放的人。

温馨提示

可以选用超市出售的罐头玉米粒或者冷冻玉米粒和青豆粒，这样最省事，而且口感和味道都很不错。

拿个大勺来

松仁玉米

烹饪时间 10分钟

难易程度 简单

做法

1. 将豌豆剥好，葱切成葱花，备用。

2. 锅中放油烧至六成热，放入葱花，闻到香味后，将玉米粒、豌豆下锅翻炒。

3. 炒匀之后再放盐，加少许清水、糖，然后继续翻炒几下，撒入松仁，淋上几滴香油，放鸡精炒匀就可以出锅了。

解馋又解饱的

糊塌子

烹饪时间 20分钟

难易程度 中级

特色

从小就爱吃的美味，到今天依然大受宠爱。每当饥肠辘辘但又觉得浑身犯懒不想做饭的时候，这糊塌子绝对是首选。它制作非常方便，做好之后喷香无比，一张接一张地大吃一气，既解馋又解饱，擦擦嘴边的油——好爽！

主料

面粉	200g
西葫芦	1个（约500g）
鸡蛋	3个

辅料

胡萝卜	1根

调料

盐	2小匙
鸡精	2小匙
胡椒粉	1小匙
油	适量

做法

1. 西胡芦、胡萝卜洗净，用擦丝器擦成丝，备用。

2. 找个大盆，放入面粉、鸡蛋和西葫芦丝、胡萝卜丝，加入盐、鸡精、胡椒粉和适量水，搅拌均匀，制成面糊。

3. 在平底锅中放入少许油烧热，用汤勺舀起一勺面糊，放入锅中，摊开铺平，一面凝固后翻面接着煎，等到两面都煎黄之后即可。

温馨提示

搅面糊的时候水要少放一些，因为加盐后西胡芦、胡萝卜会出水。另外，煎的时候要注意，一定要用小火。

蒜蓉也要吃光光

蒜香油麦菜

烹饪时间 10分钟

难易程度 简单

特色

油麦菜既好吃又省事，切都不用切就可以被三下两下炒成一个大受欢迎的菜——蒜香油麦菜就是一个典型。蒜香油麦菜之所以能在餐桌上风光无限，其实幕后英雄是那些蒜蓉，正是它们让这道菜的品质提升了一个档次。会吃的人，是绝对不会放过那些蒜蓉的，你呢？

主料

油麦菜	300g

辅料

蒜蓉	20g

调料

盐	1 小匙
鸡精	1/2 小匙
油	适量

做法

1. 油麦菜洗干净，切成 6~7 厘米长的段。如果嫌麻烦，不切也行，只要用手掰成一条条的就可以了。

2. 锅中放油烧热，放入油麦菜快速翻炒。

3. 快熟的时候放盐、鸡精调味，之后撒入蒜末，炒匀后即可出锅。

温馨提示

炒菜什么时候放盐合适？答案是不宜过早。过早放盐不仅会使菜的口感不脆嫩，而且菜中的营养也会过多地流失。一般在菜熟快出锅的时候加盐比较好。

吃多少也不腻的 素丸子

烹饪时间 20分钟
难易程度 中级

主料

圆白菜	125g
胡萝卜	125g
面粉	100g
玉米面	50g

辅料

姜末	5g
葱末	5g

调料

生抽	10mL
盐	10g
香油	适量
鸡精	5g
油	适量

做法

1. 圆白菜与胡萝卜洗净，切丝后再用菜刀多剁几下，成菜末。
2. 将两种菜末与面粉、玉米面加适量清水搅拌均匀，再加上生抽、盐、葱姜末、香油、鸡精，搅拌均匀呈现黏稠的面糊状。
3. 锅中放油热烧，将一部分肉丸糊放在左手掌中，从虎口处挤出成肉丸，右手拿小勺把肉丸送入锅中，用九成热油温炸至金黄色即可。
4. 好吃的素丸子现在就可以吹一吹，开吃了。不过它可是百变能手，可以和其他菜炖在一起吃，也可以制作简单的调味芡汁淋在上面，甜、咸、酸、辣，样样皆可，喜欢什么味道就吃什么味道吧！

特色

圆滚滚的丸子看着焦黄可爱，咬着酥酥脆脆。烹调方法也是多种多样，而且做法比较简单，下厨不久的你完全可以掌控。老人孩子、正餐零食……统统拿下。把你对他们的关爱都一点点揉进丸子吧！

主料

丝瓜 1根

辅料

蒜 3瓣

干红辣椒 3个

调料

盐 1小匙

鸡精 1/2小匙

油 适量

特色

印象中丝瓜做出的菜都是软烂鲜香的，这次，原本温柔的丝瓜已经放弃了原有的斯文，改头换面，走出了更加精彩的激情路线；蒜末和红辣椒交织出的色彩和香味，会一下子吸引你所有的感观，放入口中，自然又是一番享受……

温馨提示

1. 市场上有专门压蒜蓉的工具，做蒜蓉自然方便许多。
2. 炸干红辣椒的时候要注意火候，可别把辣椒炸到又黑又煳。

不再斯文的

蒜拍丝瓜

烹饪时间 10分钟

难易程度 简单

做法

1. 丝瓜刮去外皮，切成1cm厚的片。蒜瓣剁成蒜末，干红辣椒剪成小段，备用。
2. 把蒜末放在小碗里，放上盐、鸡精，烧热少许油，浇在碗里搅拌，有蒜末的香味即可。
3. 把丝瓜片摆在盘里，将油蒜末均匀地撒在丝瓜上。待蒸锅水烧开，把丝瓜上笼，蒸3分钟后取出。
4. 在锅中放少许油，油热后炸干红辣椒，最后将辣椒油淋在出锅的丝瓜上即可。

藏起来的全是精品

金针冬瓜卷

主料

金针菇	100g
冬瓜	适量
胡萝卜	100g
彩椒	适量

辅料

香葱叶	适量
葱末	5g
姜末	5g

调料

盐	1 小匙
鸡精	1 小匙
白胡椒	1 小匙
水淀粉	1 小匙
高汤	适量
油	少许

特色

那些藏在卷中的全是精品，但好吃的东西是藏也藏不住的，因为谁都喜欢边吃边有新发现。

做法

1. 冬瓜去皮，切成长片，洗净备用。金针菇分开洗净。胡萝卜、彩椒洗净，切丝备用。

2. 高汤烧开，把冬瓜片、胡萝卜丝、金针菇、彩椒丝放进去烫熟。香葱叶也烫一下，备用。

3. 在每一片冬瓜上放适量的金针菇、胡萝卜丝、彩椒丝，卷成卷，用香葱叶系紧，码在盘中。

4. 锅中放少量油烧至五成热，把葱姜末放进去爆出香味，然后放适量高汤、盐、鸡精、白胡椒、水淀粉烧开，调成薄薄的芡汁，淋在码好的卷上即可。

温馨提示

我们平时可以用猪大骨或鸡骨熬制一些高汤，做这样的清淡的素菜时，就可以用来烫菜，勾芡，比用清水的效果好得多。

主料

竹笋	100g
玉米笋	50g
木耳	25g
熟火腿	30g

调料

盐	1小匙
鸡精	1小匙
高汤	1大匙
水淀粉	适量
香油	少许
油	适量

营养成分

被誉为“素菜之王”的木耳富含钙、铁、蛋白质等成分，可以清理肠胃，帮助消化。竹笋中含有大量的蛋白质和粗纤维，可以促进肠道蠕动。

温馨提示

挑竹笋的时候要看竹笋的节，一般节与节之间的距离越短，竹笋就越嫩。

黑白素配一品鲜

双笋木耳

烹饪时间 15分钟

难易程度 简单

特色

清新素淡的口味，让你在舒缓工作压力的同时，不必去担心发胖的问题。竹笋和木耳的绝妙合璧一定会让你全身心地投入到对这美妙滋味的享受中去。

做法

1. 将木耳用温水泡发，去蒂洗净，用手撕成小朵。玉米笋和竹笋斜切成2cm长的段。熟火腿切成细丝。将盐、鸡精、高汤、水淀粉对成调味汁，备用。
2. 锅中放油烧热，将玉米笋段和竹笋段放入锅中，翻炒至八成熟。
3. 放入熟火腿丝和水发木耳翻炒至熟，倒入对好的调味汁翻匀，汤汁浓稠后淋入少许香油即可。

主席也爱的

红烧肉

烹饪时间 80 分钟

难易程度 高级

特色

红红亮亮、香喷喷的一碗红烧肉，不但能使人们的饭量提升一个等级，而且吃的时候也没有几个人会注意自己的吃相——因为它太好吃了！这红烧肉之所以大名鼎鼎，不仅因为它好做又好吃，还因为它曾经是毛主席最喜欢的一道菜。所以，这看似普通的红烧肉，身价也不低呢！

主料

五花肉	1000g

辅料

大葱	2根
老姜	1块
大料	2粒
桂皮	1片
干红辣椒	5个
板栗	30g

调料

白砂糖	2大匙
料酒	2大匙
老抽	2大匙
盐	适量
油	适量

做法

1. 猪五花肉切成大块，长、宽基本都在3cm左右，要保证每块都有肉皮和肥瘦肉。将板栗去壳洗净，剥去外皮，葱斜切长段，姜切大片，备用。

2. 将肉块放入沸水中氽一下，撇去血沫，这个步骤叫做“飞水”。
3. 锅放火上烧热，倒少量油，放入白砂糖，慢火烧至溶解且呈金黄色，期间要不停地轻轻搅拌。等到有气泡出现了，赶快放入肉块，翻炒至每一块肉都呈金黄色。
4. 再依次放入大料、姜片、葱段、桂皮、干红辣椒、板栗，继续翻炒出香味。

5. 最后来个“水淹七军”，倒入温水没过肉面，加入适量的盐、料酒、老抽调味。

6. 盖上锅盖，开大火煮开，改小火炖40分钟，等到肉熟汤浓即可。

温馨提示

1. 最后收汤的时候可依据个人喜好，或者多保留些汤，或者一直收到汤将干。油汪汪、酱色十足的一盘红烧肉，汤少肉味绝顶醇厚，汤多了拌米饭天下无敌！
2. 肉蔻、丁香、花椒、草果、香叶等等，都是红烧肉的金牌配料，可以放一些。但不宜多放，以免抢走了肉味。

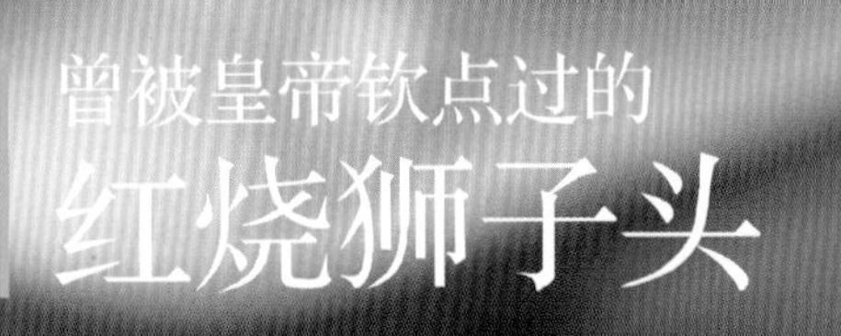

曾被皇帝钦点过的

红烧狮子头

50 分钟

高级

特色

又浓又亮的酱汁包裹在这几个诱人的大丸子上，无论品相还是味道，全都完美得无懈可击，完全找不到拒绝它的理由。据史料记载，当年隋炀帝乘龙舟南下，遇扬州四景，甚是留恋，于是便命御厨以四景为题创四道菜肴，其中一道“葵花斩肉”便是今天餐桌上的“狮子头”的前身，但“狮子头”这个名字是唐朝的时候才有的……

主料

猪肉馅	500g
荸荠	100g

辅料

鸡蛋	3个
葱段	20g
姜片	10g
馒头渣	适量
姜末	25g
葱末	10g
花椒	5g
大料	10g
桂皮	10g
香叶	2片

调料

盐	1小匙
白糖	20g
鸡精	1小匙
酱油	2小匙
料酒	1大匙
胡椒粉	3g
淀粉	10g
高汤	150mL
油	适量

做法

1. 荸荠削去皮，洗净切碎。取2个鸡蛋煮熟，去壳备用。

2. 把切碎的荸荠和猪肉馅搅在一起，加入盐、鸡精、生鸡蛋1个、胡椒粉、料酒、淀粉、酱油、姜末、葱末，顺着一个方向用力搅拌均匀，使肉馅上劲，然后放入馒头渣搅拌均匀。馒头渣是为了使口感松软。

3. 将煮好的鸡蛋去皮，包入肉馅当中，制成大丸子。每个丸子中间都包一个鸡蛋。

4. 锅中放油烧热，看到有轻微的油烟之后，把做好的大肉丸子放入锅中，中小火炸至表面金黄，取出。

5. 锅里面放入炸好的大丸子，加入高汤、葱段、姜片、花椒、大料、桂皮、香叶、酱油、白糖，烧沸后改成小火，“咕嘟”差不多30分钟左右，最后收汁即可。将这几个大丸子端上桌吧！

温馨提示

1. 选肉馅的时候注意别选全瘦的，最佳的选择是肥三瘦七。
2. “咕嘟”的时候，要时不时地把下面的汤汁用勺舀上来，浇在丸子的表面。

到他乡也想念的味道
蛋皮肉卷
烹饪时间 30分钟
难易程度 中级

特色

小时候，这蛋皮肉卷是家里款待宾客的上品，也是印象中的奢侈品。连制作的时候，和家里人一起忙活得热火朝天，心里面一想起那香香的味道就美滋滋的。今天，生活好了，蛋皮肉卷再也不是什么奢侈品，但是那肉香和蛋香交织出来的味道，走到哪里也忘不掉。

主料

鸡蛋	3个
面粉	50g
肉馅	150g

辅料

葱末	1小匙
姜末	1小匙

调料

盐	1小匙
鸡精	1小匙
酱油	2小匙
香油	少许
油	少许

做法

1. 将鸡蛋打散，加少量面粉搅拌均匀，制成蛋糊。平底锅中放少许油，将蛋糊摊成蛋饼。用中小火，可别摊煳了哦！

2. 肉馅中放入葱末、姜末、盐、酱油、香油、鸡精，顺着一个方向用力搅拌均匀，直到觉得肉馅有韧劲为止。

3. 将肉馅平铺在蛋饼上，将蛋饼慢慢地卷起。卷的时候要注意不要卷破。

4. 蒸锅中放入适量清水烧开，将卷好的蛋饼上锅蒸15分钟左右，蒸熟后出锅，切成大小合适的段即可。

温馨提示

蛋饼不要摊得过大，煎蛋饼的时候要翻面，这是件考验手下功夫的事情，可别搞砸了哦！总体来说，这个菜需要一点技术，主要是蛋卷的制作过程。所以做的时候一定要有耐心，慢慢来。失败了也不怕，最多就当是肉馅炒鸡蛋了，味道也是相当不错的。

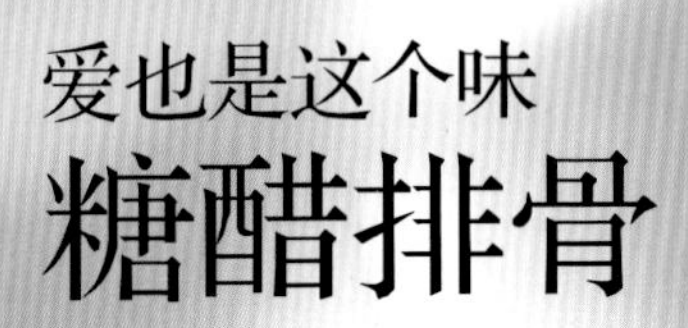

爱也是这个味

糖醋排骨

烹饪时间 60分钟

难易程度 高级

特色

酸酸甜甜的味道总是能将人们对美食的迷恋最大化，比如这道糖醋排骨，让人越吃越有食欲，所以到最后盛糖醋排骨的盘子应该是最干净的一个。生活中，我们最爱的其实也是这酸酸甜甜的滋味，比如爱情，甜中带着酸，酸里面包着甜，就是这味道，不知多少人沉迷其中。

主料

猪小排	600g

辅料

葱段	15g
姜块	20g
花椒粒	5g

调料

盐	1小匙
糖	2大匙
白砂糖	1大匙
醋	3大匙
酱油	1大匙
料酒	1大匙
水淀粉	2小匙
油	适量

做法

1. 将排骨剁成小块，放入沸水中飞水，除去血沫，洗净后放入锅中，加入清水、葱段、姜块、花椒粒，再往锅中放入少许盐和1/2小匙醋，这样不但可以去腥，排骨也更好熟一些。放好后先大火烧开，再转小火炖煮40分钟左右。

2. 将煮熟的排骨捞出，沥干水分。锅中放油烧至温热，放入白砂糖炒糖色。将排骨放入翻炒均匀。因为排骨刚煮过，水分很多，翻炒的目的在于将排骨炒干一些。

3. 将醋、糖、酱油、料酒、水淀粉对成调味汁，倒入锅中炒匀收汁，使排骨均匀挂汁即可。忍住！忍住！别现在就开始对盘中美食“扫荡”，这道菜其实放得凉一些之后更加好吃。

温馨提示

还有一种用番茄酱做糖醋排骨的方法，味道和色彩也都不错：用白糖、番茄酱、醋、盐对成调味汁，最后淋入炒匀即可。番茄酱主要是挂色用的，不用放太多。

水果也能当主角

香橙排骨

烹饪时间 45 分钟

难易程度 中级

特色

什么样的排骨最好吃？当然是保持了排骨本身的鲜美滋味而且毫不油腻的。这道香橙排骨，将果香和肉鲜融为一体，清淡爽口，成为人们餐桌上的主角。

主要营养成分

橙子可以促进消化，增进食欲，富含的维生素胡萝卜素还能软化和保护血管。

做法

1. 将猪小排剁成小段（最好请商贩代劳），用盐、鸡精腌制入味。锅中烧热油，爆香葱花，放入排骨段煎至表面金黄且微微焦脆。
2. 将甜橙去皮，切成小块，放入锅中，与排骨段同炒 1 分钟。
3. 最后将橙汁倒入，等到汤汁收干、排骨入味后即可出锅。

主料

猪小排	300g
甜橙	1 个
橙汁	50mL

辅料

葱花	适量

调料

盐	1 小匙
鸡精	1 小匙
油	适量

温馨提示

糖醋排骨味道鲜美，但作为午餐便当稍显油腻，而这道香橙排骨正是糖醋排骨的全新升级版，用它来装饰周一的便当，相信一定能让你成为公司同事羡慕的对象。其实，有许多菜都是可以在模仿的基础上加以创新的，只待有心的你去发现了。

大“排”明星，欢乐高潮

蒜香烤大排

烹饪时间 60分钟

难易程度 中级

特色

裹着浓浓酱汁的烤大排，热腾腾且浓香逼人，有了它，这场欢乐盛宴的气氛才算到达了顶点！面对着这样的美味，男士们只怕会一改以往文质彬彬模样，全然不顾风度，只顾大快朵颐了……

主料

大排	300g

调料

盐	1小匙
黑胡椒粉	1小匙
孜然	1小匙
老抽	1小匙
黑椒酱	1大匙
大蒜粉	1大匙
大蒜	5瓣

做法

1. 将大蒜对半切开后放入碗中，再放入盐、黑胡椒粉、孜然、老抽、黑椒酱、大蒜粉，搅拌均匀。

2. 将大排放入碗中，将酱汁均匀涂抹在大排上，腌制30分钟。

3. 烤箱180℃预热5分钟。将腌制好的大排放入烤箱内，上面放入一张锡纸，预防顶部肉质烤焦，以180℃烤30分钟即可。

温馨提示

逢年过节，人们都喜欢准备丰盛的大餐，这样一款“气势磅礴”的蒜香烤大排，足够倾倒来宾了。如果有时间、有精力，可以再做上一个蜜汁火鸡腿、奶汁烤羊排、大排土豆泥，每一样都是装点家宴的最佳选择。

传神一扣

豆沙糯米肉

烹饪时间 120 分钟

难易程度 高级

特色

豆沙糯米肉有着肉的鲜美和糯米的四溢清香，与温婉的豆沙搭配，会一直甜到心窝里，肉的鲜甜也不会让人觉得肥腻。制作过程也是充满着乐趣，精心地切、小心地码，忙到最后是那传神一扣，便大功告成矣。

主料

带皮五花肉	500g
红豆沙	200g
糯米	250g

辅料

姜块	15g
葱段	10g
大料	2个
白芝麻	适量

调料

料酒	2小匙
糖	30g
油	适量

做法

1. 汤锅底部加适量清水，放入大块的五花肉、姜块、葱段、大料煮开，再加料酒，改中火煮30分钟。

2. 糯米洗净，浸泡1~2小时。蒸屉中铺满纱布，放入浸泡过的大米均匀铺开，上锅蒸熟。

3. 煮熟的五花肉放凉，或者放冰水泡凉，切成3cm宽的大薄片。每片肉片上都抹上适量的豆沙，注意用量要均匀哦！

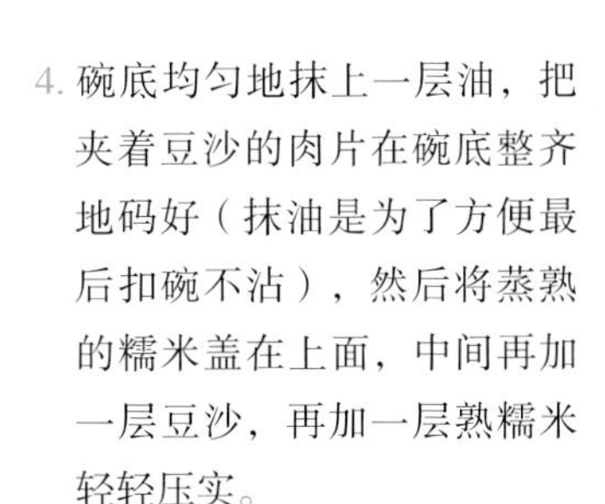

4. 碗底均匀地抹上一层油，把夹着豆沙的肉片在碗底整齐地码好（抹油是为了方便最后扣碗不沾），然后将蒸熟的糯米盖在上面，中间再加一层豆沙，再加一层熟糯米轻轻压实。

5. 上锅再蒸30分钟就行了。找个盘子，把蒸好的肉从碗中翻扣于盘中，再撒上剩余的糖，加上白芝麻。传神一扣，就此完成。

温馨提示

做这道菜，建议你选用肥瘦相间的五花肉，这样口感才能达到最完美的状态。如果肉太瘦，恐怕吃起来就柴了。

全能搭档

香煎肉排

烹饪时间 20分钟

难易程度 简单

特色

爱吃肉的人绝不会放过这么一道如此实惠的菜肴，香浓的滋味渗透了肉的每一丝纹理，让人们从一开始就有一种想大口吃肉的欲望。无论是拿它来过一把西餐瘾，还是用它做成汉堡；无论是搭配玉米粒一同食用，还是把它和土豆放在一起来个花样翻新——不管和谁搭档，它全都能让你过足瘾！

主料

猪里脊肉	500g

辅料

洋葱	1/2 个
蛋清	1 个
青椒	少许
红椒	少许
黄椒	少许

调料

盐	1 小匙
黑胡椒粉	2 小匙
生抽	2 小匙
蜂蜜	适量
油	适量

做法

1. 将猪里脊肉切成 1.5cm 厚的片，放入用蛋清、盐、黑胡椒粉、生抽、蜂蜜混合制成的调味汁中，腌制 10 分钟使之入味。

2. 将洋葱切成丝，青椒、红椒、黄椒洗净，切 1cm 见方的小丁，备用。为防止切洋葱的时候刺激到眼睛，可以把洋葱先放在冰箱冷藏室一会儿，再切就会好很多；也可以把刀沾上冰水再切。

3. 锅中放油烧热，放入洋葱翻炒出香味，再煎肉排。

4. 煎至肉排两面金黄，洋葱的味道也渗入肉汁里了，再放入青椒、红椒、黄椒丁和洋葱丝加以点缀，略微翻炒几下，出锅，撒上黑胡椒粉即可。

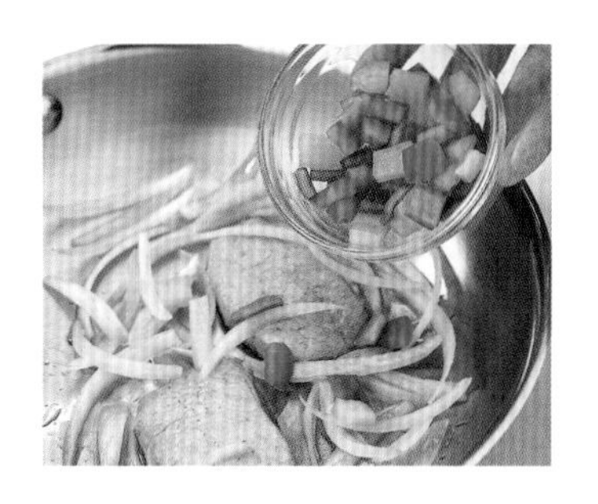

温馨提示

吃的时候，还可以在肉排上淋上番茄酱、辣酱、蓝莓酱等，这是很西式的吃法哦，只要按你自己喜欢的口味搭配就可以了。

餐桌点睛，传奇经典

鱼香肉丝

烹饪时间 30分钟

难易程度 中级

特色

很早很早的时候，四川有一户人家很爱吃鱼的，这家人用做鱼剩下的汤汁做了一道菜，味道竟然出奇地好，这便是今天红遍大江南北的鱼香肉丝。有时候，什么山珍海味也没有这鱼香肉丝来得实惠，单单是一碗饭、一盘鱼香肉丝，就能让人吃得美美的。

主料

猪里脊肉	200g

辅料

木耳	50g
冬笋	40g
葱花	适量
姜	适量
大蒜	2瓣
泡辣椒	适量

调料

盐	1小匙
鸡精	1小匙
白糖	1大匙
酱油	1大匙
陈醋	1大匙
淀粉	1大匙
料酒	适量
高汤	适量
油	适量

做法

1. 猪里脊肉切成丝，粗细在3mm左右。将肉丝放在碗里，加少量盐、料酒、淀粉，抓拌均匀，静置片刻使其腌入味。

2. 木耳用清水泡开后切成丝，冬笋洗净切丝；姜、大蒜、泡辣椒剁成末。将酱油、陈醋、白糖、鸡精、淀粉、高汤、盐对成芡汁，备用。

3. 炒锅中放适量油，待油烧到五成热时，放入肉丝炒至肉丝变白。

4. 依次放入姜末、蒜末、泡辣椒末，把它们和肉丝一起炒出香味。

5. 最后放入冬笋丝、木耳丝和葱花，大火快炒，待原料熟后倒上芡汁，炒匀勾芡即可。

温馨提示

得此“鱼香大法”，许多菜肴都可以如法炮制。鱼香菜肴主要由泡红辣椒、葱、姜、蒜、糖、盐、酱油、豆瓣酱、花椒粉、胡椒粉、红辣油、香醋、黄酒、鸡精等调味料调制而成。

收藏起老北京的味道

京酱肉丝

烹饪时间 15 分钟

难易程度 中级

特色

最中意的味道还是这经典的京酱肉丝，豆香、酱香、葱香、肉香，全都卷在你的手心，精心卷起一卷送到爱人手中，送去的除了美味，还有浓浓的爱意……

做法

1. 将里脊肉切成细长丝，注意粗细均匀。大葱切丝，最好和肉丝一般长短。

2. 用蛋清、料酒、酱油、淀粉将肉丝拌匀，上浆入味，时间可以稍微长一些。将豆皮切成方片，放入沸水中煮一下，捞出沥干水分。

3. 锅中多放一些油，烧至四成热，放入肉丝轻轻推动，至其变色。锅内再放入甜面酱、白糖，改小火翻炒出香味。

4. 看到锅中开始冒泡后改大火快炒，最后淋上香油出锅。跟葱丝、肉丝和豆皮一同上桌即可。

主料

里脊肉	200g
大葱	1根
豆皮	若干

辅料

蛋清	1个
淀粉	适量

调料

油	适量
香油	1小匙
酱油	2小匙
料酒	2小匙
甜面酱	2大匙
白糖	1小匙

主要营养成分

京酱肉丝中富含蛋白质、维生素A、维生素E等营养成分，可以增强体质。

温馨提示

1. 在这道菜里，葱并不是配角。要选择山东大葱味道才够正宗。
2. 甜面酱如果很稠，可在炒制之前放少许水稀释一下。

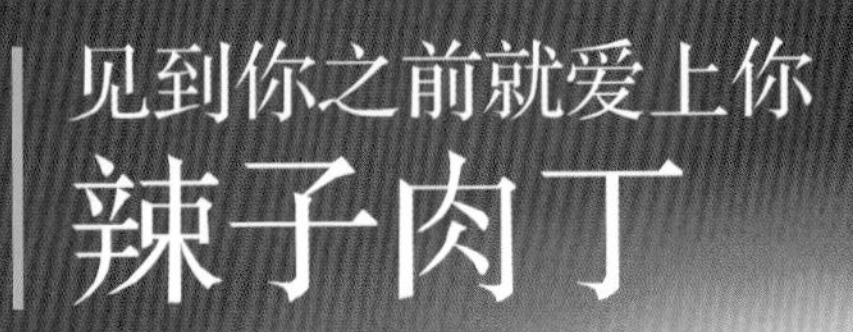

见到你之前就爱上你

辣子肉丁

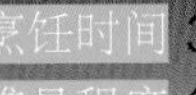
烹饪时间 30 分钟

难易程度 简单

特色

这种诱人的香辣，在烹饪的时候就迫不及待地跑出锅来，所有的人会在第一时间内被它的香辣所吸引，还没见到菜，就已经爱上了这种滋味。用一顿饭作为赌注，它一定是今天餐桌上的主打！

主料

主料	
青椒	80g
红椒	20g
猪里脊肉	150g

辅料

辅料	
姜末	1小匙
葱花	10g
花生米	20g

调料

调料	
盐	1小匙
鸡精	1小匙
香油	少许
料酒	1小匙
白糖	1小匙
酱油	2小匙
水淀粉	适量
油	适量

做法

1. 先顺着肉的纹理把猪肉切成厚片。有一个实用的切肉原则，叫“横切牛羊竖切猪”。将煮肉切成丁，约1cm见方。

2. 把切好的肉丁放在一个小碗里，取少许盐，倒入水淀粉搅拌均匀，静置几分钟使其上浆入味。

3. 青椒、红椒洗净，先把蒂切下，然后对半剖开，把籽去掉，洗干净，也切成丁。

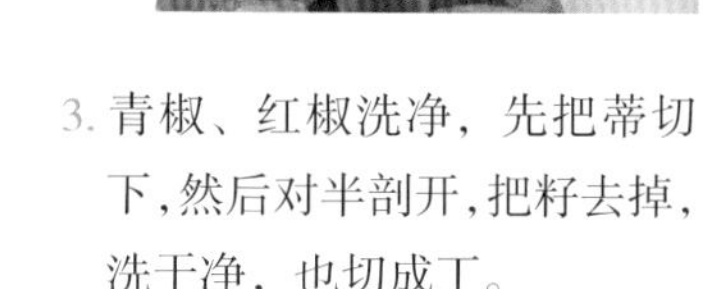

4. 凉锅倒入少量油，放入花生米，开小火，不停翻炒，听到有“劈啪”声时把花生盛出来，备用。

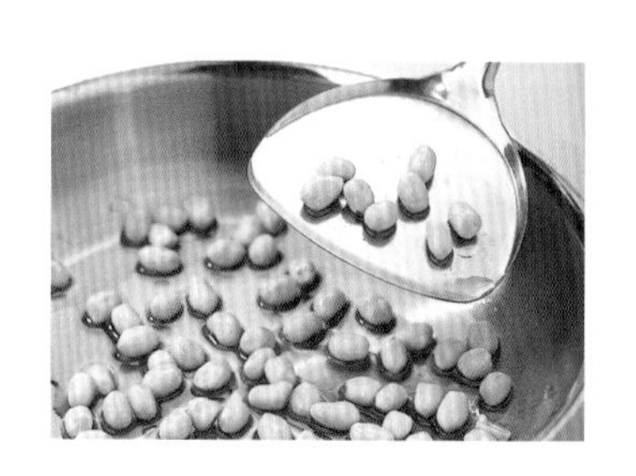

5. 锅中烧热油，先把葱花和姜末放进去爆香，然后下肉丁，淋入料酒快速翻炒，炒到肉丁变色。

6. 放入青红椒丁、炸好的花生，放入盐、鸡精、糖、酱油调味，炒熟之后淋入香油即可。

温馨提示

炒肉最怕炒老了，所以一定要掌握好时间。炒到变色后就马上放辣椒，到辣椒炒熟的时候肉丁正好熟了。来一碗米饭就着吃，绝对香！

每一次都要更讲究的

回锅肉

烹饪时间 50分钟

难易程度 中级

特色

香中带甜、甜中带鲜，没有一点肥腻的感觉，这就是回锅肉，只是简单的猪肉就能让人拥有两倍于平常的饭量。回锅肉看似简单，其实是川菜中一道非常讲究的菜，每个环节都要做到精益求精。对于新手来讲，只要每一次都更用心地做，慢慢提高自己的手艺，这道菜的味道就会随着你水平的提高而变得越来越好吃。

主料

猪五花肉	200g

辅料

青蒜	100g
大葱段	25g
大蒜	20g
姜	1 块
花椒	8 粒

调料

郫县豆瓣酱	1 大匙
酱油	1 小匙
料酒	1 小匙
盐	1/2 小匙
鸡精	1 小匙
白糖	1/2 小匙
油	适量

做法

1. 将五花肉放在清水里泡上一小会儿；烧开一锅水。把姜放在案板上，拿起菜刀，本着“快、准、狠”的原则，把姜拍破，与大蒜、大葱段一块放进烧着水的锅里煮 1 分钟。

2. 煮出香味来之后，把泡好的猪肉整块放进去煮，煮 30 分钟以后，用一根筷子插一下肉块，能插动且没有血水溢出，就表示猪肉煮好了。

3. 准备一小盆凉水。把刚刚煮好的猪肉捞出来，放入凉水中凉一下，“行话”叫“紧”一下。“紧”完之后猪肉也不烫手了，这时候再把它放在案板上，切成大而薄的片。将郫县豆瓣酱剁细。青蒜洗净，切成一寸长的段。

4. 锅中放油烧至四成热，放入沥干水分的猪肉，快速翻炒，然后加入郫县豆瓣酱和花椒继续翻炒。炒着炒着，红油和香味就会出来了。

5. 这时肉片会卷起，放入料酒、盐、糖炒香，再放入酱油、鸡精调味，最后放入青蒜段，炒至断生后即可出锅。

温馨提示

1. 五花肉的肥瘦比例以 3:7 为最好。
2. 青蒜这东西沾点热气就能熟，所以炒的时间控制在半分钟以内，这样它才真正能为这道菜增香增色。

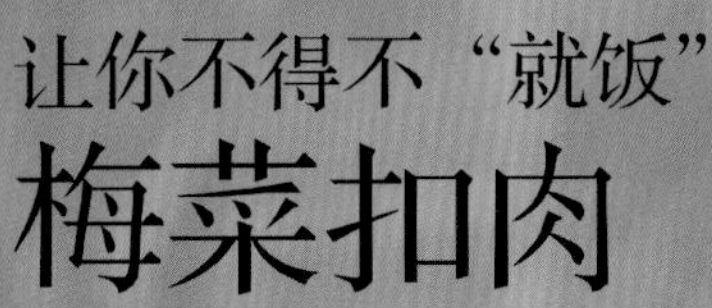

让你不得不“就饭”
梅菜扣肉

烹饪时间 100分钟
难易程度 高级

营养成分

这道菜中含有丰富的蛋白质、脂肪酸、维生素、矿物质等，不仅容易被身体吸收，还有美容的功效。

主料

带皮五花肉	500g
梅干菜	50g

辅料

姜块	15g
大料	2个

调料

盐	1小匙
酱油	20mL
料酒	2小匙
白糖	1小匙
水淀粉	适量
鸡精	1小匙
油	适量

做法

1. 梅干菜在温水中浸泡后洗净，切碎。

2. 锅中放油烧热，用纸擦去肉块表面的水分，将五花肉带皮的一面朝下，放入锅中煎一下，煎至表面发干、起小泡的时候，再翻面煎一下即可出锅。

3. 将肉块切成35mm厚的片，肉皮朝下，放入碗中码好。在码好的五花肉上抹上盐、鸡精、白糖，再放上梅干菜，淋入酱油，放入蒸锅中，用大火蒸1个小时左右。

4. 将蒸好的肉中的汤汁放入锅中加热，用水淀粉勾芡调浓。把蒸好的肉从碗中翻扣于盘中，再淋上勾好的芡汁即可。

温馨提示

1. 要想肉色更加纯正，淋酱油的时候就要趁热，这样才更容易上色。
2. 下锅煎肉之前一定要擦干水分。

每一滴汤汁都不能放过

酸辣里脊

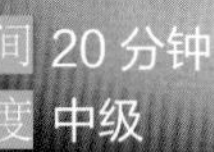

烹饪时间 20 分钟

难易程度 中级

特色

对于鲜嫩的猪里脊肉，烹饪方法不止一二，口味也是各不相同。要说其中最受欢迎的，当推酸酸辣辣的酸辣里脊。香脆的外皮中包裹着鲜嫩的里脊肉，上面更有让人难以忘怀的酸辣调味汁，单单是咬上一小口，就会觉得整个口腔都开始为这股激情的味道而雀跃了……

主料

猪里脊肉	300g

辅料

鸡蛋	1个
香葱粒	10g
泡打粉	少许
面粉	30g
熟白芝麻	少许

调料

辣味番茄沙司	适量
油	适量

做法

1. 将猪里脊肉切成粗细小于1cm、长短小于5cm的肉条。将面粉、鸡蛋和少许泡打粉均匀搅拌成浓稠的面糊。注意面糊不要太稠，也不要太稀，以能挂住为宜。

2. 将肉条均匀地裹上一层面糊，这个步骤叫做“挂糊”。

3. 锅中放油烧至七成热，放入挂糊的肉条，炸至表面金黄香脆后捞出沥油。

4. 锅中留少许油，放入辣味番茄沙司，然后放入炸好的肉条颠匀就可以出锅了，最后撒上香葱粒和熟白芝麻即可。

温馨提示

挂糊是指将整个或改刀的原料用淀粉等辅料调制的粉糊裹抹，加热后可以使原料表面形成厚壳。注意，泡打粉只要很少的一点就可以了，不加也可以。

丝丝顺意

酸辣红油耳丝

烹饪时间 20 分钟

难易程度 简单

主料

卤猪耳朵	1 个
金针菇	100g
黄瓜	100g

辅料

香菜末	20g
蒜末	10g
白芝麻	10g

调料

盐	1 小匙
糖	1/2 小匙
香醋	1 小匙
生抽	1 大匙
红辣椒油	1 大匙
香油	1/2 小匙
鸡精	1/2 小匙

特色

一盘酸辣开胃的红油耳丝，制作工序简单，吃起来爽脆香滑，是许多人的最爱。红红火火的喜庆日子里，浸满红油又不腻口的耳丝，给家人带来溢满幸福的滋味。独乐乐不如众乐乐，将平日的下酒好菜同众人分享，喜庆吉祥都融入了丝丝爽脆当中。

做法

1. 卤猪耳朵切丝。金针菇去蒂洗净，放入沸水中烫熟，沥干水分。黄瓜洗净切丝，备用。
2. 将盐、白糖、香醋、生抽、红辣椒油、香油、鸡精放入碗中，搅拌均匀制成调味汁，备用。
3. 将猪耳丝、金针菇、黄瓜丝放入盘中，浇入调味汁搅匀，再撒入香菜末、蒜末继续搅拌均匀，最后放入白芝麻放即可。

温馨提示

1. 如果喜欢吃辣，可以将红油辣椒加热，浇在几个小红干辣椒上，瞬间就能闻到诱人的椒香，吃起来更加美味。
2. 这款酸辣红油耳丝是佳节时亲朋聚会不可缺少的开胃菜，老人、孩子都可以食用，只要控制好辣椒油的分量即可。如果是吃年夜饭，少不了用美酒助兴。此时，这款酸辣红油耳丝更是首选的下酒菜。夫妻肺片、红油肚丝做法类似，原材料虽然不用，但美味依旧。

让舌尖被温婉的麻辣俘虏

新式辣子鸡

烹饪时间 15分钟

难易程度 中级

主料

鸡	1/2只
青辣椒圈	10g
花生米	50g

辅料

花椒	少许
干红辣椒	少许

调料

盐	2小匙
鸡精	1小匙
生抽	2大匙
油	适量

营养成分

鸡肉的脂肪含量很低，其中富含的蛋白质对孩子、老人都很有好处，能让身体更加强健。

温馨提示

鸡块最好大小相近，这样炒的时候才能受热均匀。花生米的作用是提香，炸的时候要注意别炸煳了。

特色

如果觉得水煮鱼的麻辣太过浓烈，难以招架，不如尝尝这道辣味稍稍温柔一些的改良版辣子鸡。鸡肉还是你最喜欢的鲜嫩口味，更有一股恰到好处的辣意顽皮地挑逗着你的味蕾，让你一吃就上瘾。

做法

1. 将鸡剁成块，放入沸水中氽一下，捞出沥干水分。
2. 锅中放凉油，加入花生米，油热后稍稍待一小会儿，把花生米捞出，备用。锅中留原油，再放入鸡块炸至金黄色，捞出沥油。这一步声响比较大，因为鸡块含水，油多少会溅出来一些，一定要小心！
3. 锅中留少许油，放入花椒、青辣椒圈、干红辣椒爆香，接着将炸好的鸡块放入，然后加盐、生抽、鸡精调味，最后撒上熟花生米即可。

冬天真的来了

排骨炖白菜

烹饪时间 100分钟

难易程度 简单

特色

虽说现在市场里什么样的新鲜蔬菜都有，但只有见到白菜的时候，才觉得冬天真的来了。做出一道好吃的菜，并不在于选料多么复杂，简单的原料一样可以做出令人称道的美味大餐。比如白菜和排骨，几乎不用任何技巧，做出来的菜也会让每个人都能吃得心满意足。

做法

1. 将排骨剁成小段，洗净。白菜洗净，切成5cm左右的长段。

2. 将猪排骨在沸水中飞水，洗净血沫。

3. 将排骨放入锅中，倒入适量清水，加入姜片、葱段、枸杞、少许醋和料酒煮至排骨熟。放醋的目的主要是减少排骨的煮制时间，并且去除腥味；加入料酒则可以使味道更佳，但量不要过多，以免让排骨变味。

4. 锅中再放入白菜煮熟。喜欢吃软烂的白菜的人可以多煮一会儿。
5. 根据个人爱好放盐调味，点上少许香油即可。

主料

猪排骨	300g
白菜	150g

辅料

葱段	15g
姜片	15g
枸杞	10g

调料

盐	1小匙
醋	1/2小匙
料酒	1小匙
香油	少许

这道菜本身就有排骨的鲜味，而且汤汁充足，所以吃菜之前可以先盛出一碗汤来，按照自己的口味单独在碗中调味，就可以享受一道美味的饭前开胃汤了。

家的亲切，家的味道

小鸡炖蘑菇

烹饪时间 90 分钟

难易程度 中级

特色

鸡肉的味道让鲜美的山磨渲染得更加温柔，“小鸡炖蘑菇”这五个字不仅能让人联想到一盘美味佳肴，更让人有一种朴实亲切的感觉。也许它并不起眼，用料也并不那么奢华，但是它的香味却可以飘得很远，这质朴的香味，是家的味道……

主料

小仔鸡	1只（约750g）
干山蘑	100g

辅料

葱段	20g
姜片	10g
大料	少许
干红辣椒	10g

调料

盐	1小匙
酱油	1大匙
料酒	2小匙
白糖	1小匙
肉桂	10g
油	适量

做法

1. 将小仔鸡洗净，剁成小块，放入锅中飞水，去除血沫，洗净。将干山蘑用温水浸泡半个小时，泡发之后洗净，备用。

2. 锅中放油，加入鸡块、葱段、姜片、大料、干红辣椒炒匀炒香。

3. 继续放盐、酱油、白糖、料酒，翻炒一下，待酱色炒匀后加入适量清水，水量以没过鸡块为宜。

4. 放入肉桂，炖10分钟左右，把蘑菇放进锅内。

5. 等到开锅之后，将锅中各料全部倒入砂锅中，用中火继续炖煮，30分钟后即可开吃。

温馨提示

1. 炖汤的时候要冷水下锅，让鸡肉的鲜味随着汤的温度升高而慢慢地释放出来，这样汤汁鲜味更加醇厚。
2. 做这道菜最好不用香菇，宜选用榛蘑一类的野山蘑。

连下三碗饭！

咖喱鸡肉

烹饪时间 30分钟
难易程度 简单

特色

咖喱鸡肉做法简单，也许是最适合新手来尝试的。这种简单做法带来的效果可是一点折扣都不打，每一口都充满咖喱的香味，而每一口的感觉又不尽相同。这诱人的味道，绝对是下饭的第一选择，原本食欲不佳的人也能用它连下三碗大米饭！

做法

1. 将鸡胸肉切成1.5cm见方的小丁，用盐、水淀粉、蛋清抓拌均匀，上浆入味。土豆、胡萝卜去皮洗净，切成和鸡肉同样大小的小方丁。洋葱切丝，芹菜斜切成小段，备用。

2. 锅中放油烧热，放入鸡丁炒至变色后盛出。注意，别把鸡肉炒老了。

3. 另起锅烧热油，入土豆丁、胡萝卜丁、芹菜段和洋葱丝翻炒均匀。

4. 锅中再放入炒好的鸡肉，加入适量清水煮开。注意，水量不要太多，水面大概与锅中原料持平就可以了。

5. 水开后放入咖喱块和少许盐（也可以不放盐），等它完全溶解，大约10分钟就可以了。改小火煮至土豆熟即可。煮的时候要不断地轻轻搅拌，以防煳锅。

主料

鸡胸肉	200g

辅料

土豆	50g
胡萝卜	50g
洋葱	30g
芹菜	30g
鸡蛋清	1个

调料

咖喱块	50g
盐	1小匙
水淀粉	1小匙
油	适量

温馨提示

用咖喱鸡肉伴米饭，简直是绝配！其实，咖喱鸡肉的最大优点并不在于它有多好吃，而是在于你可以一次多做一些，这样的话几顿饭都可以搞定了。

只此一碗，一顿足矣

水煮牛肉

烹饪时间 30分钟

难易程度 中级

特色

辣椒和花椒的香气肆无忌惮地到处乱窜，闻到香气的人无一幸免，全部“中招”。就算是一顿饭只有这么一碗水煮牛肉，也能让人心满意足。吃一口到嘴里，麻辣的味道挑战着你对诱惑的承受能力——即使被辣得大汗淋漓，也停不下手地一片又一片地往嘴里放，这就是水煮牛肉的无敌魔力。

主料

牛里脊肉	150g

辅料

生菜叶	若干片
芹菜段	30g
青蒜段	20g
姜末	2小匙
蒜末	2小匙
葱末	1小匙

调料

郫县豆瓣	2大匙
干辣椒段	20g
麻椒	15g
盐	1小匙
酱油	1大匙
料酒	1小匙
高汤	适量
水淀粉	1大匙
鸡精	1小匙
油	适量

做法

1. 生菜叶洗净。牛里脊肉切成大约5cm长、3cm宽的薄片，用酱油、料酒、盐、水淀粉拌匀，装入碗中，待用。

2. 将麻椒在无油的热锅中干煸出香味，盛出，放在案板上，用擀面杖碾成碎末，备用。

3. 锅内入油烧热，放入郫县豆瓣酱炒香并炒出红油，加高汤稍煮，捞去豆瓣渣，加入盐和鸡精调味。将芹菜、青蒜段和生菜叶在汤中焯烫一下，捞出放在碗中。将肉片倒入微开的原汤汁锅中，用筷子轻轻拨散。

4. 待牛肉片熟后将其捞出，倒在铺了生菜叶的碗中，浇入适量原锅中的汤汁，然后撒上麻椒末、姜末、蒜末、葱末。

5. 重新起锅，放油烧热，离火（或者说油热后关火）后放入干辣椒段，待辣椒段刚刚变色的时候，将锅中的热油和辣椒段一同浇在碗中原料上，“哧啦”一声之后大功告成。

温馨提示

做这道菜时，家中的火一定要足够旺，使汤汁很快就能煮开。另外，一定要用牛里脊才够味哦！

饭桌不可无此君

土豆烧牛肉

烹饪时间 120 分钟

难易程度 中级

特色

如果把土豆和牛肉同时放在人们的面前，西方人大多会选择做牛排加薯条，而牛肉、土豆的搭配王道其实还是中国人的土豆烧牛肉。这道菜不仅仅是土豆和牛肉的经典搭配，更是餐桌上的当家菜。一顿大餐，缺了它怎能行？

主料

牛腩	300g
土豆	200g

辅料

葱段	15g
姜片	10g
胡萝卜	100g

调料

盐	1小匙
酱油	25mL
白糖	2小匙
胡椒粉	1小匙
料酒	2小匙
油	适量

做法

1. 土豆洗净去皮，切滚刀块。注意，别切得太大，太大的块不易入味。胡萝卜、牛腩也切成大小相似的块。

2. 烧一锅开水，把牛腩块用开水煮1分钟，撇去血沫，捞出沥干水分。

3. 锅洗净放火上，倒入油烧至五成热，加入葱段和姜片炒出香味，然后放入牛腩块翻炒几下，再放料酒、酱油、白糖翻炒均匀，加适量清水，水面快要没过牛腩块就可以了，转小火炖1个半小时。

4. 牛腩块炖到多半熟，差不多炖了1个小时左右的时候，放土豆、胡萝卜，再加入盐、胡椒粉搅匀，盖上锅盖，把汤汁熬浓，炖到土豆软面了就可以了。实在不好确定锅中的原料是否熟了的话，可以用铲子切开一块看一看，顺便尝一尝是不是入味了。

温馨提示

1. 还有一种办法：把土豆和牛腩块先炸一下，这样炖的时间就可以短一些，但是比较费油。
2. 汤汁快干的的时候，需要时不时地搅拌一下，以防煳锅。
3. 如爱吃辣，加入些老干妈辣酱同煮会更好吃！

锅也留恋的味道

青蒜炒酱牛肉

烹饪时间 10分钟
难易程度 简单

特色

天下绝配的东西不多，但凡绝配必定属于经典。好比做酱牛肉一定要搭配青蒜。简单到极点，好吃到无敌的青蒜炒酱牛肉绝对是一道诱人菜肴。无论是炒还是吃，都是在短短时间内完成，仿佛还有些意犹未尽……

主料

酱牛肉	400g
青蒜	300g

辅料

小红辣椒段	10g

调料

鸡精	1小匙
酱油	2小匙
油	适量

做法

1. 对懒人来说，做酱牛肉实在太麻烦了，所以你可以直接买来现成的酱牛肉，切成薄片。

2. 将青蒜洗净，沥干水分，切成3cm长的段，备用。

3. 锅中倒适量油，待油烧至五成热时，放入小红辣椒段，然后放入酱牛肉，翻炒几下，接着放入青蒜。

4. 待闻到青蒜的香味后立刻放酱油、鸡精调味，迅速出锅装盘。整个过程要做到干净利落。

温馨提示

1. 一定要到规范的市场购买酱牛肉，卫生、健康永远是第一位的！酱牛肉经过卤制，已经是咸的，就不用再加盐了。
2. 青蒜不能长时间烹炒，刚窜出香味的时候就可以出锅了，这时候的味道最好。

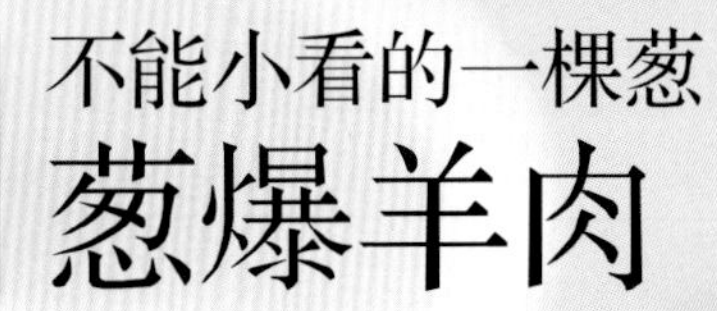

不能小看的一棵葱

葱爆羊肉

烹饪时间 30 分钟

难易程度 简单

特色

平时，人们常用“你算哪根葱”来表达对某人的不屑，这实在是有点冤枉葱了，葱可不是永远的配角。一道肉菜，却把葱放在了第一位，就是因为葱是这道菜中不可缺少的原料。如果没有葱香，这道菜会失掉一大群迷恋者。葱和羊肉少了谁都不行，而“爆”这种烹饪方法更是将这二者的美味完美地结合在了一起，让人一吃便停不下来。

主料

羊腿肉	250g
葱	200g

辅料

蒜末	2 小匙

调料

料酒	1 大匙
酱油	1 大匙
花椒粉	少许
醋	1 小匙
盐	1 小匙
香油	1/2 小匙
油	50mL

做法

1. 羊腿肉有一层筋膜，可先用刀轻轻划开一道口子，然后撕下。这层筋膜有让羊肉变成“滚刀肉”的能耐，千万不要小看它。

2. 将羊肉切成大薄片，这比较考验刀工，用力要平稳。最重要的就是，小心自己没拿刀的那只手！切完羊肉后别忘了把葱也切好，斜刀切成 1cm 的段即可。

3. 将羊肉片、少许油、酱油、盐、料酒、花椒粉放在一起搅拌均匀，放一会儿使其入味。

4. 锅中放油，烧至五成热，把蒜末放进去炒香。闻到香味之后，改大火，放入拌好的羊肉片爆炒。如果家里灶具的“火力”够猛，羊肉应该熟得很快。等到羊肉快熟的时候放入葱翻炒均匀，点上香油，沿着锅边淋醋提香后即可出锅。

温馨提示

1. 如果懒得切羊肉，那就去买切好的羊肉片吧，但要记得解冻，而且不能太肥。
2. 淋醋的目的是提香。沿着热锅的边缘淋上一圈，醋香会很快挥发，这样菜中会有一股醋香，而不会受到酸味的影响。

只穿一个更精彩

自在逍遥牙签肉

烹饪时间 40分钟

难易程度 中级

特色

这种捏起一块就吃的感觉实在是太好了，透着惬意，要是手边再有一杯自己喜欢的饮料，边吃边喝，那更是自在逍遥。其实，牙签肉就是羊肉串的创新翻版，只不过没有烟熏火燎，也没有了穿羊肉串的繁琐。作为馋嘴的懒人，自然要自己尝试做一下！

主料

羊腿肉	250g

调料

花椒粉	1 小匙
孜然粉	1 大匙
辣椒粉	1 小匙
白糖	1 小匙
酱油	1 小匙
料酒	1 小匙
油	适量

做法

1. 将羊腿肉洗净，切成 1.5cm 见方的小方丁，用花椒粉、白糖、酱油、料酒腌制入味。

2. 腌好之后，找来牙签，每根牙签上穿上一个肉丁。穿的时候看清羊肉的纹理，顺着穿会很省力的。留神，别扎到自己的手指头。

3. 锅中烧热油（油要多放一些），将穿好的肉放入锅中，用中火迅速炸熟，用漏勺捞出。

4. 最后加入孜然粉、辣椒粉搅拌均匀即可。

温馨提示

一般来说，做这道菜选择山羊肉会更好一些。如何来鉴别山羊肉和绵羊肉呢？可以观察肌肉的纤维：绵羊肉的肌肉纤维细而短，山羊肉的肌肉纤维粗而长。除此之外，还可以用手按一下，肉发散而不粘手的就是山羊肉。

一年中最红火的时候

红焖羊排

烹饪时间 50分钟

难易程度 中级

特色

麻辣的队伍里不只有水煮鱼、香辣蟹和小龙虾，这羊排与辣椒也能演绎出好滋味。一碗红焖羊排透着红火，总是在一年当中最喜庆的时候登上餐桌。屋外白雪飘飘，屋内守着一大碗红焖羊排，鲜辣的口味让你从嘴里美到心里，从嘴里暖到心里——这不正是你想要的吗？

主料

羊排	500g

辅料

花椒	适量
大料	适量
小红辣椒	20g
葱	20g
姜	20g
香叶	2 片

调料

盐	1 小匙
酱油	2 小匙
白糖	1/2 小匙
辣椒酱	1 大匙
料酒	适量
油	适量

做法

1. 把羊排洗净，剁成小段。剁排骨时，如果用普通的菜刀可能会吃不消，最好准备好剁排骨的剁刀。葱切成小段，姜切成小片。

2. 将羊排段放入锅中，加清水没过羊排，用大火烧开，撇去血沫，捞出羊排，沥干水分。

3. 炒锅放油烧热，放入葱、姜爆香，接着放盐、辣椒酱、酱油、白糖、大料、香叶、花椒、胡椒粉、小红辣椒、料酒及适量清水烧开。

4. 最后放入羊排，盖上锅盖，用小火炖至熟烂，翻匀后出锅装盘。

温馨提示

要是你对剁羊排这种“体力活”觉得力不从心的话，就在购买羊排的时候让小贩帮忙处理一下吧。

餐桌上的“二人转”

香菇肉片

烹饪时间 30 分钟

难易程度 简单

特色

香菇的香味在任何时候都是那么诱人，对于喜欢吃肉的人来说，把肉和香菇结合在一起，无疑将是一出大快朵颐的“二人转”，况且这也不是什么难事，可说是懒人的福音。赶快把这场“二人转”也搬到你的餐桌上吧！

主料

水发香菇	50g
猪里脊肉	250g

辅料

青椒	10g
红椒	10g
葱末	5g
姜末	5g
鸡蛋清	1个

调料

盐	1小匙
鸡精	1小匙
水淀粉	1小匙
料酒	1小匙
酱油	1小匙
油	适量

做法

1. 把香菇摘去蒂，洗净。注意，菌褶里面要仔细清洗。洗净后挤去水分，菌褶朝下，切成片。

2. 青椒、红椒洗净，切成菱形小片，备用。
3. 把猪里脊肉顺着肉的纹理切成片，放到碗里，加盐、蛋清、酱油、料酒、水淀粉搅拌均匀，静置使其入味。

4. 炒锅放油烧至四成热（也就是将手掌置于油面上方可以感到一些热气时），放入肉片，用筷子轻轻翻炒至肉片变色。
5. 接着放葱末、姜末、香菇，翻炒几分钟，一定要将香菇炒熟。

6. 放入青椒、红椒，加入盐、鸡精调味，再翻炒均匀就可以出锅了。

温馨提示

蘑菇一类的食材一定要完全炒熟透才可以食用，这一般需要几分钟的时间，所以切蘑菇片的时候不要切得太厚。如果对成熟度没有把握，可以事先把蘑菇放在沸水中焯烫1分钟。

有了它，宁舍熊掌

清蒸鲈鱼

烹饪时间 25 分钟
难易程度 简单

特色

每次吃清蒸鲈鱼，都要先让鼻子闻个够，然后轻轻夹起一块完整的鱼肉，小心翼翼地生怕把肉夹碎，轻轻蘸上一点汁，赶紧送入口中，让舌头的每一寸都能尽情地体味那熟悉而又令人惊喜的鲜味，最后缓缓咽下，同时用眼睛迅速观察，下一筷子应该从哪里入手。

主料

海鲈鱼	1 条

辅料

葱丝	20g
姜片	10g
花椒	10 粒
彩椒丝	少许

调料

盐	少许
料酒	1 大匙
油	1 大匙
蒸鱼豉油	3 大匙

做法

1. 将鲜鲈鱼去鳞和内脏，用清水冲洗干净。

2. 在鱼身两侧各划几刀，抹上盐、料酒，摆上葱丝、姜片、彩椒丝腌制 10 分钟。

3. 把鱼装入盘中，淋上蒸鱼豉油，放入锅内，隔水大火蒸 10~12 分钟左右（根据鱼的大小）。

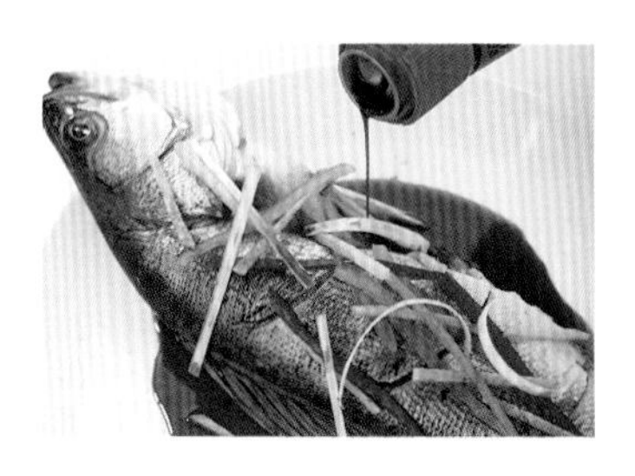

4. 锅内放少许油，加入花椒，放在火上烧热，一直烧到能够闻到花椒的香味，然后捞出花椒不用，将油浇在鱼身上即可。

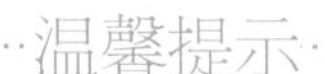

温馨提示

1. 蒸鱼豉油中已有盐分，请适量减少盐的用量。
2. 要等蒸锅上汽之后再将鱼放入，这样可以锁住鱼肉中的鲜味，味道会更好。

两边都是最爱

双色剁椒鱼头

烹饪时间 35分钟

难易程度 简单

特色

好的剁椒鱼头，酸、辣、鲜、滑俱备，其中主要的就是辣，而辣来自剁椒。剁椒酸辣的味道可以把鱼肉的鲜味带出来，特别是剁椒的汁水渗到鱼头里，那种滋味就更加妙不可言！

主要营养成分

鱼头中蛋白质、胶质的含量非常丰富，营养价值很高，可以补脑。

主料

胖头鱼头　1个（约500g）

辅料

红剁椒	60g
绿剁椒	60g
姜末	10g
蒜末	10g
葱末	10g

调料

盐	5g
料酒	1大匙
生抽	1大匙
油	15mL

做法

1. 将鱼头纵向对切（不要全部切断，使鱼头一分为二，能平躺即可），然后找个足够大的盘子，将鱼头平铺其上，并在鱼头上抹上盐、生抽、料酒，腌制10分钟至入味。

2. 把红剁椒和绿剁椒剁细，分别撒在鱼头上，红绿各据一方。

3. 淋上生抽和少许油，撒上葱末、姜末、蒜末，放入蒸锅中，大火蒸15分钟即可。

温馨提示

1. 这是一道具有湖南风味的菜肴，当然要用湖南的剁椒来伺候才好。瓶装的湖南剁椒超市就有售，而且里面的汁浇在鱼头上味道特别好。
2. 鱼头中含有丰富的卵磷脂，是补脑佳品，所以吃鱼头时不能贪图痛快，只吃鱼鳃部肥嫩的鱼肉。多吃鱼脑，有不错的补脑的功效哦。

幸福上上签

照烧鱼肉串

烹饪时间 15 分钟（不含腌制时间）
难易程度 简单

特色

煎过的鱼肉汁厚鲜嫩，外面有点焦，里面却仍是一派近乎纯真的嫩滑，海鲜酱点缀其间更是锦上添花。鲜嫩的口味在绝妙的口感下，体现得淋漓尽致。

主料

鱼腩	2块

调料

生抽	1/2大匙
老抽	1/2大匙
蚝油	1大匙
香油	1小匙
料酒	3大匙
白糖	1小匙
蜂蜜	1大匙
盐	少许
黑胡椒粉	少许
水	400mL
干淀粉	适量

做法

1. 鱼腩去皮、骨，切成小块，用1大勺料酒腌10分钟去腥，表面薄薄地拍一层干淀粉。

2. 将鱼肉块用竹签穿成串，在平底锅内煎至两面焦黄。

3. 将生抽、老抽、蚝油、香油、料酒、白糖、蜂蜜、盐和黑胡椒粉倒入炒锅中，大火煮沸。

4. 待调料汁出现黏稠感时，大火收汁，将酱汁淋在穿好的鱼肉串上即可。

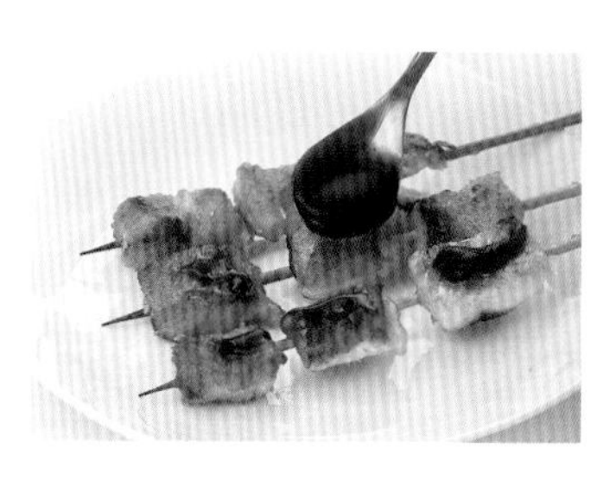

温馨提示

1. 选择鱼腩是因为这个部位鱼刺较少，吃起来方便且过瘾。
2. 酱汁熬好后，将鱼肉串重新煎一遍，口感会更好。

麻辣鲜香的诱惑

水煮鱼

烹饪时间 40 分钟

难易程度 中级

特色

一盆麻辣鲜香的水煮鱼，鱼片嫩滑，辣椒和麻椒相互刺激着味蕾。它是川菜馆里点的最多的菜，曾经风靡大江南北。后来，因为“口水油”和“地沟油”的问题，大家想吃也不敢点了。其实，在家里一样能做出好味道，没有你想得那么复杂，快快试试吧！

主料

草鱼	1条

辅料

黄豆芽	50g

调料

蒜片	10g
姜片	10g
葱片	10g
鸡蛋清	1个
郫县豆瓣酱	3大匙
干辣椒	20g
麻椒	10g
盐	适量
料酒	2大匙
淀粉	2大匙
油	适量

做法

1. 草鱼去鱼鳞、鱼鳃和内脏，清洗干净，切下鱼头、鱼尾，备用。将鱼身沿着中间鱼骨分成两片，鱼皮朝下，斜切剔除鱼骨，再将鱼肉斜切成等厚的薄片。将鱼头对半切开，鱼骨切成和鱼片大小的段，备用。
2. 把鱼片放入一个大碗中，加入少许盐、料酒、淀粉、蛋清搅拌均匀，腌制15分钟左右。
3. 葱、姜、蒜洗净，切成片。黄豆芽洗净，用热水焯一下，找一个特别大的碗，将豆芽平铺放入碗底，备用。
4. 锅上倒入少许油，下一半的花椒和一半的辣椒，加郫县豆瓣酱，小火炒出红油和香味，再加入姜片、葱片和蒜片继续炒出香味。
5. 加入鱼头、鱼尾和鱼骨翻炒均匀，加没过鱼的清水，待水沸后一片一片地放入鱼片，并且用筷子滑散。煮到鱼片变色、刚熟时即刻关火。将鱼片和适量鱼汤盛入大碗中。
6. 锅内放少许油，加入剩余麻椒，待油热后迅速关火，倒入剩余辣椒，用余温将辣椒烫香。将油浇在鱼片上即可。

温馨提示

热油关火后，用余温烫香辣椒的办法，可以保留辣椒鲜红的颜色。你还可以自己动手制作辣椒油：把辣椒粉放入碗里，把热油凉到八成热时再浇入搅拌，可以有效防止辣椒粉烟掉，还保留鲜红的颜色和口感。

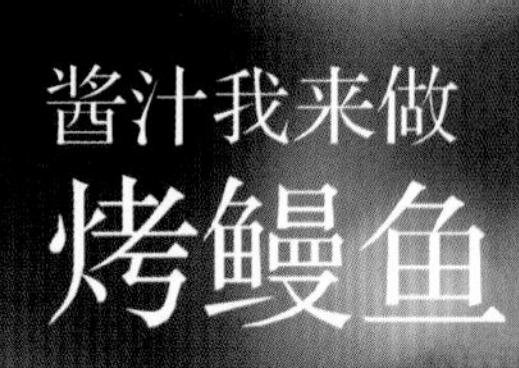

酱汁我来做

烤鳗鱼

烹饪时间 20分钟（不含腌制时间）

难易程度 简单

特色

在日式料理中，蜜汁烤鳗鱼无疑算是头牌之一，无论是串烧小食、鳗鱼寿司，还是鳗鱼饭定食，它的亮相总是能让场面上一个档次，最快吃完的食物也总会是肉嫩且汁液丰富的鳗鱼。如果你还在为买不到正版的烤鳗鱼酱汁而苦恼，不妨自己调一份吧！

主料

鳗鱼	1条

辅料

白芝麻	适量
姜汁	少许

调料

细砂糖	2大匙
酱油	3大匙
米酒	1大匙
蜂蜜	少许

做法

1. 鳗鱼洗净，去头、尾，分成适口的几段，加入细砂糖、米酒、姜汁、酱油腌制20分钟，备用。

2. 锡箔盘里放入鳗鱼，入已经预热好的烤箱中，以200℃烤10~15分钟。

3. 酱汁放入锅中烧开，改小火保持酱汁沸腾。烤鳗鱼期间，要每隔5分钟将鳗鱼取出，均匀地刷上酱汁。

4. 鳗鱼烤熟，刷上少许蜂蜜，撒上白芝麻即可。

温馨提示

1. 做蜜汁酱时，细砂糖就好比是魔法师瓶中点石成金的催化剂，加了这些糖，就能催化出鳗鱼身体中最诱人的甜美气息。如此画龙点睛的调味让人乐于沉迷在烹饪中，体会其中多一点糖、少半份盐所带来的不同口味和惊喜。
2. 这里用的是比料酒更温和的米酒，以达到让鳗鱼肉更鲜甜可口的目的。

主料

鳕鱼	1块

辅料

柠檬	半个
白芝麻	少许
小红椒	2个

调料

生抽	2大匙
料酒	1大匙
蚝油	2大匙
蜂蜜	1小匙
盐	适量

特色

秘制酱汁诱人的香气笼罩在身边，如同给这块鳕鱼施了巫术一般，光是嗅一嗅，众生已觉神魂颠倒。入口之后，舌尖在味汁的刺激下惊醒，开始细细捕捉鱼肉中纠缠的柠檬汁和浑厚的酱香与鲜香，实在是美妙至极。

做法

1. 鳕鱼在室温下自然解冻，用厨房纸巾吸干多余水分。将柠檬汁淋在鳕鱼上，静置10分钟。
2. 蒸锅上汽，放入鳕鱼，大火蒸8分钟，取出装盘。
3. 将生抽、料酒、蚝油、蜂蜜、盐放入锅中，加入清水，大火煮沸，待料汁变浓稠后将酱汁浇在鳕鱼块上，最后撒上白芝麻，加少许红椒圈进行点缀即可。

温馨提示

1. 鳕鱼解冻时最好放在沥水架上，以免鱼肉受到水分浸渍变碎。千万不可放在水中、微波炉中解冻。
2. 厨房用纸是入厨的好帮手，可以吸干食物的油分，降低油脂的吸收，也可是用来吸干食物的水分。
3. 如果想让鳕鱼更入味，不妨将料汁烧开，放入炸好的鳕鱼块烧几分钟，待汤汁的味道进入鱼肉中，享受更上一层楼的美妙滋味。

主料

海白虾	400g

辅料

红辣椒丝	20g
香菜段	20g
葱丝	5g
姜丝	10g

调料

叉烧酱	1 大匙
蒜蓉辣椒酱	1/2 大匙
水淀粉	1 大匙
米酒	1 小匙

特色

它往往是被热气腾腾地端上桌。食客夹一个放进嘴里，咬去虾头，慢慢吮吸酱汁带来甜辣柔滑的口感，然后剥去虾壳，用手指捏着虾尾蘸上少许酱汁，再放入嘴中。新鲜的虾肉弹牙可口，但也别忘记，美妙的酱汁才是让美味锦上添花的头等功臣。

温馨提示

1. 虾一定要沥干水分或是用厨房纸将水分吸干，以免热油遇到水溅到手上，造成烫伤。
2. 蒜蓉辣椒酱里面有盐，可根据需要减少盐的用量。

宽衣解带蘸汁尝

香汁干烧虾

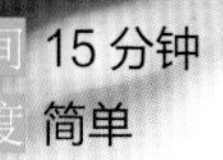

烹饪时间 15 分钟

难易程度 简单

做法

1. 海白虾洗净，沥干水分，备用。

2. 将叉烧酱、蒜蓉辣椒酱、米酒、水淀粉调成酱汁，备用。

3. 锅入油烧至六成热，入葱丝、姜丝、红辣椒丝炒出香味，入大虾继续翻炒，转小火，放入酱汁翻炒均匀，熄火，放香菜段即可。

虾也微醺
醉虾

烹饪时间 15 分钟（不含冷藏时间）
难易程度 简单

特色

把腌制醉虾的保鲜盒一揭开，仿佛夏季黄昏中吹来的一阵凉风，微微的酒香迎面而来。用筷子轻轻捻起一只，连虾须虾尾这样的细枝末节上都沾染了迷人的醉意。两三只下肚，你也会被这鲜甜结实的虾肉深深地迷住。

主料

大虾	300g

辅料

川芎	1 片
参须	1 根
枸杞	10g
葱段	3 段
姜片	3 片

调料

盐	1/2 小匙
绍兴黄酒	5 大匙

做法

1. 大虾洗净，枸杞放入温水中泡软，备用。

2. 在锅中放入川芎、参须、枸杞，加入少许清水，煮约 5 分钟，倒入绍兴黄酒，继续煮 2 分钟后熄火，加盐调味，放凉，制成酒汁，备用。

3. 另取一只锅，倒入适量水，加入葱段、姜片煮沸，放入大虾汆烫至颜色变红，捞出。

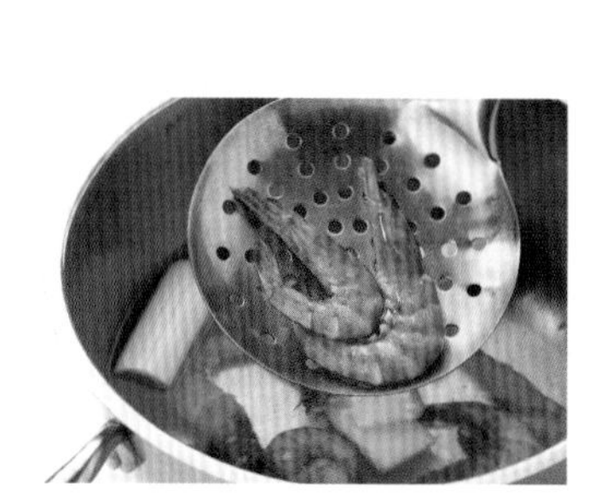

4. 将汆好的虾连同酒汁倒入保鲜盒，酒汁以没过虾为宜。将保鲜盒放入冰箱冷藏室内，冰镇至冰凉即可取出。

温馨提示

1. 如果买到的是活蹦乱跳的大虾，恭喜你，可以考虑做一款肉质更接近天然口味的醉虾哦！只需要把虾洗干净，然后扔进酒汁里浸泡即可。
2. 还有一个独门秘方：在酒汁里加一些柠檬汁，不仅可以增加风味，还有杀菌功效。当然，这样的醉虾适合爱吃鱼生类的朋友，如果不太能接受生食的话，可以忽略这个做法，按照正文的步骤制作。

不爱“武装”爱“红妆”

泰式辣酱滑虾仁

烹饪时间 15分钟

难易程度 简单

特色

鲜嫩幼滑的虾仁被浓浓的泰式辣酱包裹着，辣酱的香气与虾仁的鲜美爽滑完美结合。一口一个，吃起来格外省事。

做法

1. 虾去头剥皮洗净，用料酒、盐、蛋清腌制 10 分钟，然后在虾仁表面拍一层薄薄的干淀粉。

2. 锅中油烧至五成热时放入虾仁滑散，待虾仁变白，迅速捞出沥油。

3. 锅中留底油，大火烧至七成热，加葱、姜、蒜末爆出香味，放入滑好的虾仁，翻炒几下后加入泰式辣酱，待虾仁表面全部裹住酱汁且辣酱味道飘出时即可。

主料

冻虾	300g

辅料

葱末	5g
姜末	5g
蒜末	5g
蛋清	1 个

调料

泰式辣酱	2 大匙
料酒	1 大匙
盐	适量
干淀粉	适量

温馨提示

1. 虾仁拍粉后要迅速下锅，以免虾仁因腌制过久出水而脱浆。
2. 加入泰式辣酱后，待辣酱出香味且酱汁发亮时即可关火。若炒制时间过长，材料水分蒸发，从而会影响口感。
3. 泰式辣酱中已有盐份，炒制的时候就不用再加盐了。

手巧更吃香

椒盐濑尿虾

烹饪时间 15分钟

难易程度 简单

特色

别看这位兄弟名字不怎么样，这椒香扑鼻、香辣入味的濑尿虾可是餐桌上的明星。直接下手抓起一只，趁热一节节掰开虾壳，将鲜嫩可口的虾肉迅速送入口中，剥的时候不要流口水哦！能不能吃到一整块鲜嫩香辣的虾肉，就看你的手够不够巧了。

主料

濑尿虾	10 只

辅料

干辣椒	10g
葱末	20g
蒜蓉	20g

调料

椒盐	1 小匙
辣椒粉	2 小匙
孜然粉	2 小匙
油	适量

做法

1. 将濑尿虾洗净，入沸水汆一下，捞出沥干水分。

2. 热锅倒油，放入濑尿虾炸熟。

3. 锅中留底油烧热，放入蒜蓉、干辣椒煸炒出香味，放入炸熟的濑尿虾翻炒均匀，加入孜然粉、椒盐、辣椒粉、葱末调味即可。

温馨提示

如果你想吃到香韧的虾膏，在选购的时候仔细看看：雌虾在腹部靠近头部的地方有几条乳白色的横线，虾膏从头部一直会连到尾部，味道非常不错。

简单绝非敷衍

盐水虾

烹饪时间 10分钟
难易程度 简单

主料

基围虾	20只

辅料

葱段	3段
姜片	5片

调料

盐	1小匙
料酒	1大匙
白胡椒粉	1/2小匙
香油	1/2小匙
辣椒油	1/2小匙

特色

海鲜有着天生卓越的味道，想从它们身上获得味觉享受的最大化，根本不用花太多工夫。像这道盐水虾，只要把普普通通的调味汁淋在虾上，剩下的就是拿出5分钟的时间交给微波炉，就全都搞定了。

做法

1. 基围虾去虾须，清洗干净。葱段、姜片铺在盘底。

2. 将盐、料酒、白胡椒粉、香油、辣椒油混和成调味汁，均匀地淋在大虾上。

3. 用保鲜膜将虾盘包好，放入微波炉，中火加热3~4分钟，取出，撕去保鲜膜即可食用。吃的时候可以蘸着盘底的汤汁吃，味道更加美味。

温馨提示

1. 去除虾背上的虾线：用厨房剪刀，从头部和身体的交界处下手，顺着虾背剪至虾尾，用剪刀的尖轻轻一挑，虾线就弄掉了。
2. 如果有烤箱，用锡箔纸将虾和料汁包好，入烤箱烤熟，味道将会更加鲜美。

主料

百合	2球
西芹	150g
虾仁	16只
腰果碎	10g

辅料

红椒丝	10g
蛋清	少许

调料

盐	1小匙
鸡精	1小匙
白胡椒粉	1/2小匙
淀粉	1小匙
油	适量

温馨提示

1. 市面上出售的腰果大都是熟的，如果时间充裕，可以将买来的腰果放入油锅中略炸一下，这样腰果不但颜色更加金黄好看，而且口感也会大大升级。
2. 西芹、百合、腰果、虾仁都含有丰富的营养，在节日餐桌上的大鱼大肉之间，有这样一道清爽蔬食，也能保证膳食结构的合理。

百事合心意

百合西芹酿虾球

烹饪时间 20分钟

难易程度 简单

特色

小时候就盼着过年，吃年夜饭时一家人围坐在大桌旁，其乐融融。那时，一道百合西芹酿虾球就是难得的美味。嫩滑的虾仁配上酥香的腰果，交织成餐桌上一道亮丽的风景。今天，任凭豪华美味当前，舌尖仍惦恋着儿时的节日味道。

做法

1. 百合掰开洗净，用沸水过一下。西芹斜切成块。
2. 将虾仁去除虾线洗净，用少许盐、蛋清和水淀粉腌制一会儿。
3. 锅中放入少许油，待油七成热时滑入虾仁，随后加入西芹块、百合、红椒丝、盐、鸡精、白胡椒粉快速翻炒，最后撒入腰果碎，装入盘中即可。

掀起你的盖头来

鲜蟹肉芝士焗蟹盖

烹饪时间 30 分钟

难易程度 简单

主料

花蟹	1 只

辅料

芝士	30g
蘑菇片	30g
洋葱丝	20g
火腿丁	20g

调料

盐	1/2 小匙
糖	1 小匙
黄油	30g

特色

想知道这浓香的芝士下面都藏了些什么吗？赶快掀起来一探究竟吧！蟹肉和蔬菜的鲜香被浓浓的芝士包裹着，满满的蟹壳，沉甸甸的幸福感，浓香四溢的味道，会触动你最敏感的那一根神经。

做法

1. 花蟹洗净蒸熟，拆出蟹肉和蟹黄，保留蟹壳。
2. 锅热后将黄油放入，待化开后放入洋葱丝爆香，然后放入蘑菇片和火腿丁，翻炒 1 分钟后加入蟹肉，放入盐和糖调味，翻炒均匀。
3. 将炒好的蟹肉和蔬菜放到蟹壳内，表面铺上一层芝士，入烤箱，以 180℃烤 15 分钟，待芝士上色即可。

温馨提示

我们平时用不到的蟹壳，在这道菜中占据着重要的位置。它不仅仅是独具个性的盛器，更为整份菜肴增添了一缕蟹香。有时候，采用食材本身作为盛器，总会收到意想不到的惊喜。

—— 主 料 ——

花蟹	2只

—— 辅 料 ——

葱末	5g
姜末	5g
香葱末	1大匙
火腿粒	10g
鸡蛋	6个

—— 调 料 ——

鸡精	1小匙
盐	适量
水淀粉	2大匙
香油	适量
高汤	适量
油	适量

螃蟹和鸡蛋不得不说的故事

芙蓉蒸蟹

烹饪时间 25分钟

难易程度 简单

温馨提示

1. 蛋液中一定要加入凉白开，这样蒸出的蛋羹平整嫩滑，不会有小孔。不可以加入热水或者生水。
2. 所有的调料要在蛋羹蒸好后加入，否则会导致鸡蛋的营养流失，口感也不够嫩滑。
3. 尽量选择较浅的大盘做容器，保证蛋液和蟹块受热均匀。

特色

螃蟹和鸡蛋上辈子一定是“冤家”，所以现在才这么“投缘”。滑嫩细腻的鸡蛋羹已经把鲜味体现得淋漓尽致，花蟹的加盟，更使得口味鲜得一塌糊涂。

做 法

1. 花蟹洗净，斩成块。鸡蛋打成蛋液，加入比蛋液略多的凉白开，搅拌均匀后倒入大的深盘中。
2. 将蟹块放入蛋液中，连盘一起放入蒸锅中，大火蒸约12分钟后取出。
3. 炒锅中加入少许油，入葱、姜末爆香，加入盐和火腿粒翻炒均匀。
4. 加入少许高汤、鸡精、盐、香油搅匀煮沸，再加入少许水淀粉调成芡汁，淋在芙蓉蒸蟹上即可。

横行霸道半壁江山

一品香辣蟹

烹饪时间 25 分钟

难易程度 简单

主料

活螃蟹	3 只

辅料

葱	3 段
姜	5 片
蒜	6 瓣
香菜	1 小把

调料

花椒	15 粒
辣椒	20 个
八角	1 个
香叶	4 片
料酒	1 大匙
辣椒酱	3 大匙
酱油	2 大匙
火锅底料	1 小块
盐	1 小匙
糖	1 小匙
油	150mL

特色

提起香辣蟹的大名，几乎大半个中国的人都知道。那股子招摇过市的香气，足能让半条街的人都为之倾倒。蟹肉吸收了辣椒的香和辣，再加上各种香料一凑热闹，这一锅霸道的味道便挣脱一切束缚，横行在食客的面前。

温馨提示

1. 炒辣椒酱时要不停翻炒，避免煳锅。
2. 晃动锅身是为了使螃蟹在挣扎的过程中将大量的香辣气味吸入自己的身体，以增加螃蟹自身的香味。

做法

1. 买螃蟹时让商贩帮忙给螃蟹加些氧气，延长螃蟹的存活时间，回家后把活螃蟹用流动水冲洗干净。
2. 将油倒入锅中烧至五成热，先下花椒和辣椒爆出香味，再加入辣椒酱不停翻炒。待香味四溢时加入葱、蒜和姜，继续炒一会儿，将螃蟹倒入锅中，盖上锅盖，轻轻晃动锅身。
3. 等到螃蟹变成红色时，向锅中倒入酱油、盐、糖和料酒，稍微翻炒均匀，倒入温水，放入香叶、八角和火锅底料，继续小火慢煮 15 分钟，出锅时放少许香菜加以点缀即可。

年糕"傍大款"
螃蟹炒年糕

烹饪时间 20分钟

难易程度 简单

主料

螃蟹	2只
年糕片	200g

辅料

葱丝	5g
姜丝	5g
香葱末	5g

调料

生抽	1大匙
料酒	1大匙
油	适量

特色

年糕是合作的搭档，"傍"着谁就能沾谁的光。这次"傍"的是美味盖世的螃蟹大人，于是乎，它便投怀送抱死缠烂打一番，竟然把自己折腾得和螃蟹一样好吃，而且还有那么点黏，吃起来的口感也很有意思。

温馨提示

年糕如果切得太薄、太软就没有嚼头，切得太厚又不易入味，厚度适中就好。提前过油炸一下是为了使年糕不黏在一起，口感更好。

做法

1. 将洗净的螃蟹去鳃、肺，斩成块。年糕切成片，与蟹块分别入热油锅炸一下，捞出沥油。葱、姜切丝，备用。
2. 锅中留底油，下葱、姜丝爆香，放入蟹块翻炒，淋入料酒，盖上锅盖，焖5分钟。
3. 把年糕片放入锅中，倒入生抽和少许水，翻炒至年糕熟透，出锅时撒上香葱末即可。

海洋 Party

海螺带子串烧

烹饪时间 15分钟

难易程度 简单

主料

带子	150g
螺肉	150g

辅料

香菇	3朵
菠萝	100g
洋葱	1/4个

调料

海鲜酱	适量
盐	少许
黑胡椒碎	适量
油	适量

特色

把自己最喜欢食物都穿到一起，尽情地开一个关于烧烤的主题狂欢Party吧！不拘泥于形式，不一定非要用传统的炭火或是烤箱，因地制宜，将手里仅有的资源发挥出极致的效果。美味没有标准定义，只要你觉得好吃，那它就是美味！

做法

1. 将带子、螺肉、香菇、洋葱洗净。带子沥干水分，加少许盐拌匀。香菇、菠萝、洋葱切丁，备用。

2. 用竹签将带子、菠萝丁、洋葱丁、螺肉相间穿起来。

3. 将穿好的海鲜串，均匀涂抹上海鲜酱，放入煎锅以中小火煎熟。吃前根据自己的口味，撒少许黑胡椒碎在表面即可。

温馨提示

可以根据自己家煎锅的大小，适当更改海鲜块和蔬菜块的大小；最好是选择不粘锅来煎海鲜串，可以使卖相更好看。

主料

鲜鲍鱼仔	3头
粉丝	1小捆

辅料

大蒜	2头
香葱	适量

调料

盐	1/2小匙
糖	1小匙
胡椒粉	1/2小匙
鸡精	1/2小匙
香油	适量

特色

《史记》称鲍鱼为"珍肴美味"。鲍鱼口感筋道爽滑，并带有自然的鲜味，在吸饱了辅料和调料的味道精华之后，会变得更加鲜美。

一口一缠绵

蒜蓉粉丝蒸鲜鲍

烹饪时间 18分钟

难易程度 简单

做法

1. 粉丝用温水泡软，剪成6cm左右的段；用小刀从壳中取出新鲜的鲍鱼肉，去掉与壳相连的部分和黑色污物。将鲍肉用流动水冲洗干净。
2. 大蒜剁成蒜蓉，放在小碗里，加盐、糖、胡椒粉、鸡精、香油拌匀，再加入适量清水，拌成黏黏的蒜蓉。
3. 用刷子刷净鲍壳。将泡好的粉丝铺在壳内，鲍鱼放在粉丝上，在鲍肉表面涂上少许盐，然后将加工好的蒜蓉均匀码在鲍肉上。蒸锅上汽后，大火蒸8分钟即可。上桌前撒些葱花进行点缀。

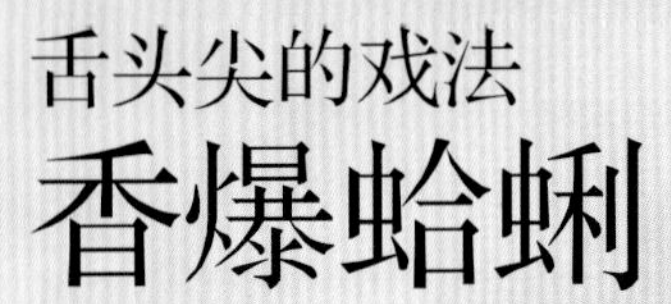
舌头尖的戏法
香爆蛤蜊

烹饪时间 10 分钟
难易程度 简单

特色

吃蛤蜊时，最惬意的莫过于舌尖。双齿咬住贝壳，舌尖轻轻一触贝肉，罗勒的清香，辣椒的爽利，蚝油的浓郁一齐跃然而上，轻轻一卷一吸，贝肉滑落口中。送入一口黄酒，美妙的滋味混合在一起，让人心满意足。

主料

蛤蜊	400g

辅料

大蒜	6瓣
姜片	3片
小红辣椒	适量

调料

罗勒	1大匙
蚝油	2大匙
料酒	1大匙
糖	1小匙
盐	适量
白胡椒粉	适量
油	适量

做法

1. 蛤蜊放入盐水中浸泡吐沙，洗净捞出；大蒜剁成蒜蓉，与蚝油、料酒、糖、盐、白胡椒粉搅拌成调味汁；小红辣椒斜刀切小段。

2. 锅中倒入适量油，烧至七成热时，放入姜片和小红辣椒段爆香，放入蛤蜊翻炒均匀。

3. 待蛤蜊熟透张开口时，加入调味汁、罗勒炒匀即可。

温馨提示

蛤蜊炒至外壳弹开就可以关火了，如果炒制时间过长，蛤蜊细嫩的贝肉会脱落，甚至缩水，大大影响口感。

浪漫满屋

凉拌海蜇皮

烹饪时间 15分钟

难易程度 简单

特色

还记得韩剧《浪漫满屋》里男主角最中意的那道小菜凉拌海蜇皮么？蒜香、辣汁以及白醋带来的清淡爽口的酸味交织在一起，为海蜇皮爽脆的口感增加了丰满的层次。

主料

海蜇皮	300g
胡萝卜	30g
黄瓜	50g

辅料

蒜蓉	1 大匙
香菜段	少许

调料

盐	1/2 小匙
鸡粉	1/2 小匙
糖	1/2 小匙
香油	1 小匙
白醋	1 小匙
辣椒油	1 小匙

做法

1. 海蜇皮在流动水下反复冲洗，直至洗干净，然后放入70℃~80℃的热水中汆一下，入冰水中过凉，捞出切丝。

2. 胡萝卜、黄瓜洗净，去皮切丝，加盐腌5分钟，再挤去多余水分。

3. 将海蜇皮、黄瓜丝、胡萝卜丝入容器中，加蒜蓉、香菜段、盐、鸡粉、糖、香油、辣椒油、白醋搅拌均匀即可。

温馨提示

海蜇皮一定要反复清洗，咸淡合适后再开始烹制。汆海蜇皮的水不要用滚水，而且要尽快将海蜇皮投入冰水中，保持海蜇皮爽脆的口感。

家中的街头味道

烤鱿鱼

烹饪时间 20 分钟
难易程度 简单

主料

鲜鱿鱼 300g

辅料

白芝麻 适量

调料

海鲜酱	1 大匙
甜面酱	1 大匙
辣椒粉	1 小匙
孜然粉	1 小匙
油	适量

特色

街头的烤鱿鱼是不是让你爱不释口？肉厚嫩滑的鱿鱼穿在竹签上，裹上厚厚的酱汁，让你吃罢了鱿鱼还不过瘾，要把嘴角上酱汁舔干净才肯罢休。这就是街边味道的魅力，有点像在路边采到的野花，不但靠纯真吸引着你，同时和你有着不小的缘分。你也可以在家中与这份味道重新来一次完美邂逅。

做法

1. 鲜鱿鱼洗净后切片，改花刀备用。海鲜酱和甜面酱按 1 ：1的比例调好。

2. 烤盘用锡箔纸垫底，在锡箔纸表面薄薄涂一层油，放上鱿鱼片，入预热至 230℃的烤箱烤 8 分钟。

3. 将鱿鱼取出，在表面刷上调好的酱汁，撒上适量辣椒粉、孜然粉，再入烤箱烤 2 分钟即可。吃时可以撒上少许白芝麻。

温馨提示

如果没有烤箱，那就用明火吧。取一只平底锅，倒入少许油，放入切好的鱿鱼片和酱汁一起翻炒，炒至鱿鱼片打卷即成，味道也很好呢！

主 料

鱿鱼卷	200g
芥蓝	150g

辅 料

大蒜	2瓣

调 料

XO酱	2大匙
盐	适量
水淀粉	1大匙
白胡椒粉	少许
油	适量

温馨提示

1. 挑选鱿鱼的时候，要一看二摸三闻——先看鱿鱼的表层外膜是不是完整，鱼身的光泽度好不好；然后轻轻摸一下，如果鱼身富有弹性，那么鱿鱼就比较新鲜；再闻闻鱿鱼有没有奇怪的异味。
2. 在炒鱿鱼之前将它放入沸水氽一下，可以去除鱿鱼的腥味，也可以缩短炒制鱿鱼的时间，一举两得呢。

为味道注入灵魂的XO酱

碧绿鱿鱼卷

烹饪时间 15分钟

难易程度 简单

特色

只看了第一眼，就被它清新醒目的颜色所吸引，鲜香诱人的气息直钻进鼻子里，如同一只小手在轻轻挠动你的心，引出无限遐想，迫不及待地想要尝一尝。

做 法

1. 大蒜洗净切片。芥蓝洗净去老根，放入沸水中烫熟，捞出沥干水分，摆盘。
2. 鱿鱼卷洗净后入沸水中氽一下，至花边微卷且变色即可关火，捞出沥水。
3. 热锅放油，放入鱿鱼卷翻炒，加入蒜片、XO酱、盐、白胡椒粉翻炒均匀，用水淀粉勾芡，出锅，盛在盘中摆好的芥兰上即可。

软骨头的美

红烧海参

烹饪时间 35 分钟
难易程度 中级

主料

泡发海参	300g

辅料

葱段	4 段
姜片	5 片

调料

酱油	2 大匙
料酒	2 大匙
盐	适量
糖	1/2 小匙
水淀粉	1 大匙
高汤	适量
香油	1/2 大匙
油	适量

特色

海鲜的世界中，有许多大名鼎鼎的美味都是典型的“软骨头”，海参可能是最软的一位了。海参的本味并不太突出，需要我们用合理的调味手法让它“吃透”诱人的味道，再加上它天生软滑的口感，才呈现出这鲜中带甜、软糯香滑的馋人味道。

做法

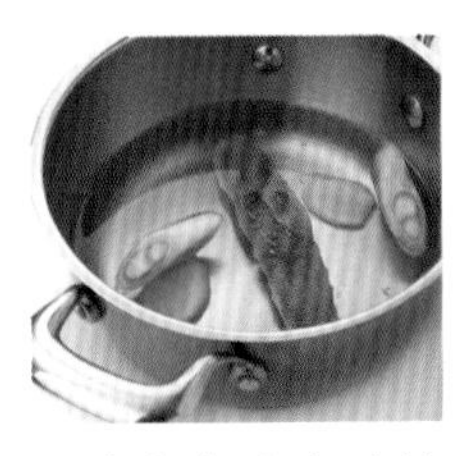

1. 将海参洗净后放入锅内，加入1个葱段、3片姜片、1大匙料酒及清水，水量以没过所有材料为宜，以小火煮20分钟。

2. 将海参捞出，锅中的水倒掉。将海参放回锅中，加入高汤，继续用小火煮10分钟，捞出海参稍凉，切成大片。

3. 锅中倒入适量油烧热，放入葱3段、姜2片爆香，随后放入海参翻炒，加入1大匙料酒、酱油、盐、糖与适量高汤，大火烧煮1分钟，淋入水淀粉勾芡，拌匀，出锅前淋入香油即可。

主料

扇贝	10个

辅料

彩椒粒	10g
火腿	30g
蒜蓉	10g

调料

鲍鱼汁	1大匙
油	1小匙
白胡椒粉	1/2小匙
鸡精	1/2小匙

特色

厨房里一派忙碌的景象，热气腾腾，光是这气氛，就有日子过得蒸蒸日上之意。这场蒸腾盛宴的当家花旦就是这香飘满屋的蒸扇贝，充满了鲍汁的醇厚浓香，细细品味还有一丝辣意挑动着你的味蕾。

温馨提示

中国的传统节日很多，而在家中准备各式各样的菜品确实不是一件简单的事情，所以就要稳中求胜。就拿这款扇贝来说，还可以做成蒜蓉粉丝蒸扇贝、蚝油扇贝等，每次都是新的尝试，每次都会获得成功哦！

蒸蒸日上

香辣鲍汁扇贝

烹饪时间 20分钟

难易程度 简单

做法

1. 扇贝洗净后将贝肉取出。火腿切片，用梅花模将其刻成梅花形。

2. 扇贝中摆入火腿片，再放入扇贝肉；将鲍鱼汁、油、白胡椒粉、鸡精放入碗中搅拌均匀，浇入扇贝中。

3. 将处理好的扇贝放入蒸锅中，撒入蒜蓉，大火蒸8分钟后关火。将彩椒粒撒入扇贝中，盖上锅盖，继续焖1分钟即可。

当横行的螃蟹遇到横行的麻辣

麻辣梭子蟹

烹饪时间 16分钟
难易程度 中级

主料

梭子蟹	2只
香菜	5棵

辅料

葱	3段
姜	5片
蒜	5瓣
干辣椒	15个

调料

花椒	15粒
八角	1个
料酒	1大匙
白胡椒粉	1/2小匙
干淀粉	2大匙
辣椒酱	1大匙
盐	1/2小匙
糖	1小匙
鸡精	1/2小匙
老抽	1小匙
油	适量

特色

当横行的螃蟹遇到横行的麻辣，世界将会怎样？我们不好说，但是看到它的人一定会不由自主地口舌生津。蟹肉变得更有韧劲了，连同那被爆得恰到好处的辣椒香气一起，张牙舞爪地向你袭来，你能招架得住么？

温馨提示

1. 蟹肉性寒，不宜多食，脾胃虚寒者应当格外注意。
2. 死蟹，特别是死河蟹，不宜食用。

做法

1. 把梭子蟹洗净，去掉肺、鳃等，斩成块，用料酒、白胡椒、盐腌制10分钟。葱和香菜洗净、切段，姜、蒜切片，备用。
2. 蟹块用干淀粉拍一下，放入烧至八成热的油锅中炸一下，捞出沥油。锅中留底油，放干辣椒、花椒、八角、葱、姜、蒜爆香，放入辣椒酱炒出红油。
3. 把蟹块放入锅中，翻炒2分钟，加入盐、糖、鸡精、老抽继续翻炒，出锅时撒些香菜即可。

第三章 滋补汤煲

吃到七分饱的时候，再来一碗好汤，真是太幸福了。

喝汤的时候，真不想说话，

只想体会鲜美的汤从嘴巴到喉咙再温暖到胃部的感觉。

融化在甜美的怀抱

红枣银耳汤

烹饪时间 120分钟
难易程度 简单

主料

银耳	20g
红枣	10粒

辅料

枸杞	适量

调料

黄冰糖	20g

营养功效

银耳是极好的美容品，含有天然植物性胶质，长期食用可滋润肌肤，更有减轻面部黄褐斑、雀斑的功效。除此之外，银耳中还含有大量的维生素D，可有效防止人体钙元素的流失。

做法

1. 银耳放入温水中浸泡20分钟，取出洗净，去除黄根，掰成小朵；红枣洗净去核；枸杞放入清水中浸软，备用。
2. 汤锅中倒入适量清水，大火烧开后转小火，放入银耳、红枣熬煮30分钟，待汤汁变得黏稠后放入枸杞，继续熬煮10分钟。
3. 10分钟后，将黄冰糖放入锅中，搅拌至冰糖化开即可。

温馨提示

质量较好的银耳呈淡黄色，水发后手感柔嫩；劣质银耳水发后手感较脆。另外，不要购买太大朵的银耳，大朵银耳的黄根很大，清理时要去掉的部分就很多；小朵的银耳相对要好些。

主料

梨	1个

辅料

大枣	10粒
百合	1头

调料

冰糖	20g

营养功效

梨有清心润肺、降低血压的功效，还能够促进食欲，帮助消化。百合有润肺止咳、清心安神的功效。中老年人可多饮此款汤水，它有助于软化血管，促使血液将更多的钙质输送到骨骼中。

爱人的心之味道

雪梨百合红枣汤

烹饪时间 40分钟

难易程度 简单

做法

1. 梨洗净，去皮、核，切成小块。大枣洗净，百合掰开，洗净备用。
2. 汤锅中倒入适量清水，大火烧开后转中火，放入梨块、枣熬煮20分钟，然后将冰糖放入锅中煮至化开，最后放入百合，待百合稍软即可出锅。

温馨提示

要煮出一锅品质极佳的雪梨百合红枣汤，梨的质量绝对不容忽视。要挑选个头适中、表皮较为光洁、颜色微黄、无虫眼及损伤的梨作为原材料，这样的梨肉质细密、酸甜适度，煮出的汤口感好且气味芳香。

从小喝到大

五彩蛋花汤

烹饪时间 25 分钟
难易程度 简单

主料

南豆腐	100g
瘦肉	50g
胡萝卜	30g
香菇	2 朵
鸡蛋	1 个
番茄	1 个

辅料

玉米粒	10g
青豆粒	10g

调料

水淀粉	1 大匙
鸡精	1 小匙
盐	1 小匙
胡椒粉	1 小匙
香油	1 小匙

特色

豆腐、香菇、胡萝卜都是热量相对较低的食材，用它们一起煲汤，汤色靓丽且味道浓香，是很好的塑身汤品。

做法

1. 番茄洗净，去蒂，切小块；南豆腐切丁；香菇洗净，去蒂，切成片；瘦肉洗净后切丁；胡萝卜去皮洗净，切丁；鸡蛋打成蛋液，备用。
2. 汤锅中倒入适量清水，大火烧开后加入番茄块、豆腐丁、香菇片 、瘦肉丁、胡萝卜丁、玉米粒、青豆粒，待汤锅再次沸腾后转小火，熬煮 15 分钟。
3. 将蛋液均匀地倒入锅中，用水淀粉勾芡，加入盐、鸡精、胡椒粉调味，最后淋入香油即可。

温馨提示

打蛋液的过程中加入两匙清水，在汤完全沸腾的情况下倒入蛋液，稍等片刻再进行搅拌，待蛋液稍微凝固后关火盛出即可。

满罐幽香，满溢浓情

香醋猪骨瓦罐

烹饪时间 120 分钟

难易程度 简单

主料

猪排骨	200g
土豆	200g

辅料

油菜	4 棵
枸杞	若干
姜片	4 片
葱段	2 个

调料

料酒	1 小匙
香醋	2 小匙
盐	1 小匙

营养功效

排骨中含有丰富的钙元素，加入醋后可以将猪骨中的钙元素最大限度地释放出来。土豆本身富含的膳食纤维被人体吸收后会令人产生饱腹感，用它代替主食绝对具有塑身美体的效果。

温馨提示

用猪排骨煲汤，排骨的品质显得尤为重要。一定要选择肉色呈粉红色至红色的排骨，用手按压其表面，无多余水分溢出，且手感微黏、肉质较有弹性的排骨为最佳。

做法

1. 猪排骨切小块，洗净；土豆去皮切片，放入清水中浸泡；油菜洗净，枸杞用温水泡软，备用。
2. 将排骨块和适量清水放入汤锅中，大火煮沸，撇去浮沫，放入姜片、料酒、葱段，用小火炖煮。
3. 约 30 分钟后开盖，放入土豆片、枸杞、香醋，继续煮 30 分钟，放入油菜，用盐调味，3 分钟后关火即可。

温敛含蓄，月貌花容

芋艿腊肉煲

烹饪时间 60 分钟
难易程度 简单

主料

芋头	200g
腊肉	100g

辅料

胡萝卜	60g
甜玉米棒	半根
香葱末	5g

调料

椰汁	足量
盐	1 小匙

做法

1. 芋头去皮切块，腊肉切片，胡萝卜切滚刀块，甜玉米棒切成小段，备用。
2. 将椰汁与清水以 3:1 的比例倒入汤锅中，烧开转小火，放入甜玉米棒、腊肉炖煮 30 分钟，再放入芋头、胡萝卜继续煮 15 分钟，加入盐调味，最后撒入香葱末即可。

营养功效

“芋艿”俗称“芋头”，含有丰富的蛋白质、维生素 C、维生素 B_1、维生素 B_2 等营养成分。其中，维生素 B_2 能够使皮肤润泽光滑。胡萝卜具有养血排毒的功效，食用后能够加快体内毒素排出，增加皮肤的营养。此款汤品养颜排毒，二者搭配，相得益彰。

温馨提示

芋头好吃皮难剥。剥完芋头皮，手在一段时间内会很痒并有刺痛的感觉，其实只要在去皮前将芋头置于火上烘烤一下，就可以轻松去皮，还不会伤到手。

冬日温情序曲
萝卜猪蹄汤

烹饪时间 120分钟
难易程度 简单

主料

猪蹄	2个
白萝卜	40g
胡萝卜	40g

辅料

枸杞	8粒
姜片	3片
葱段	2段
香菜	适量

调料

大料	2个
料酒	1大匙
盐	2小匙
胡椒粉	1小匙
香油	1小匙

营养功效

萝卜猪蹄汤对肌肤具有特殊的美容作用，因为猪蹄肉质中含有丰富的胶原蛋白、弹性蛋白。胶原蛋白可使皮肤细胞吸收、保持充足水分，防止肌肤起皱，常食可使皮肤水润饱满、光滑平整。而弹性蛋白能够增加肌肤的弹性和韧性，使皮肤细纹变浅、更加娇嫩细致。此外，白萝卜中含有丰富的维生素C、锌等营养元素，有助于增强人体的免疫力，非常适合孩子食用。

做法

1. 猪蹄洗净，从中间用刀劈开，剁成小块。白萝卜、胡萝卜洗净，去皮，切成滚刀块。枸杞用清水浸软，备用。
2. 锅中倒入清水，将斩好的猪蹄放入锅中大火煮3分钟，撇去浮沫。
3. 将氽好的猪蹄放入汤锅内，重新加入清水，大火烧开，放入大料、姜片、葱段、料酒，10分钟后转小火炖煮。
4. 50分钟后将汤内的大料、姜片、葱段拣出，加入切好的萝卜块、枸杞，烧至萝卜软烂后加入盐、胡椒粉调味，最后放入香菜，淋入少许芝麻油即可。

清雅鲜香汇

猪蹄排骨汤

烹饪时间 120分钟
难易程度 简单

主料

猪蹄	1个
排骨	100g

辅料

甜玉米	1根
白菜	60g
姜片	3片
葱段	3段
枸杞	6粒

调料

醋	1小匙
盐	1小匙
料酒	1小匙

做法

1. 将排骨洗净后剁成小块。猪蹄洗净，从中间劈开。甜玉米去皮、去丝，切成小段。白菜洗净，备用。

2. 将排骨、猪蹄放入锅中，加清水大火烧开，撇去血沫。将排骨、猪蹄捞出，放入砂锅中。

2. 在盛有排骨、猪蹄的砂锅中倒入适量清水，大火烧开后加入姜片、葱段，烹入料酒、醋，待砂锅内的水煮开，转小火炖煮50分钟，最后放入甜玉米段、白菜、枸杞，继续炖煮10分钟，加入盐调味即可。

营养功效

排骨能够为人体提供必需的优质蛋白质、脂肪等营养，其丰富的钙质可以保护人体骨骼健康，是强身健体的上好食材。与猪蹄一起熬制的猪蹄排骨汤，能减缓中老年妇女骨质疏松问题，也非常适合睡眠不好的人饮用。

温馨提示

排骨要冷水下锅，烧开后转小火慢炖，点少许醋。这样能使营养成分充分溶解，同时让骨头中的钙、磷、铁等营养物质充分溶解出来。

主料

排骨 200g
莲藕 100g

辅料

红枣 8粒
姜片 4片
葱段 2段

调料

盐 1小匙
香油 1小匙

营养功效

民间有句谚语："荷莲一身宝，秋藕最补人。"秋季气候干燥，而莲藕有养阴清热、润燥止渴、清心安神之功效，非常适合在秋季食用。

静心一品

排骨莲藕汤

烹饪时间 120分钟

难易程度 简单

温馨提示

市面上的莲藕有三种，分别为红花藕、白花藕、麻花藕。其中外形瘦长，藕皮呈褐黄色，手感较为粗糙的红花藕含淀粉较多、水分少，口感软糯，是煲汤之上上品。

做法

1. 将排骨洗净，斩成段；莲藕去皮、洗净，切成小块；红枣洗净后去核，备用。
2. 将排骨放入锅中，加入适量清水，烧开后汆一下，捞出。
3. 将汆好的排骨和莲藕、红枣、姜片、葱段一起放入锅中，倒入适量清水，用中火烧开，转小火熬煮1小时至排骨软烂，加入盐料调味，淋入香油即可。

鲜香之味，柔润之情

薏米银杏猪肚汤

烹饪时间 100 分钟

难易程度 简单

主料

猪肚	150g
银杏	4 颗
薏米	30g

辅料

五花肉	50g
蜜枣	3 个
藕	50g
姜片	3 片

调料

盐	适量
料酒	1 小匙
胡椒粉	1 小匙

做法

1. 将猪肚表面的脂肪去掉，切成条状。五花肉切片，银杏去皮，藕去皮切片，薏米放入清水中浸泡 30 分钟，备用。
2. 将猪肚、五花肉、姜片、料酒放入高压锅中，压 30 分钟，连汤一起倒入汤锅中。
3. 大火将汤锅煮开，转小火，放入蜜枣、银杏、薏米、藕片继续煮 20 分钟，调入盐、胡椒粉即可。

营养功效

银杏中含有维生素 C、胡萝卜素，以及钙、磷、铁、钾、镁等元素，有非常好的改善肤质的作用。薏米是一种谷类，富含蛋白质、维生素 B_1、维生素 B_2 及油脂，具有自然美白肌肤的效果，还能加快肌肤新陈代谢速度，提高肌肤保湿的功能，有效地防止肌肤干燥。冬秋两季，气候干燥，最适合饮用这道薏米银杏猪肚汤。

百味生活尽相融

酸辣汤

烹饪时间 30分钟

难易程度 简单

主料

猪脊肉	30g
南豆腐	20g
木耳丝	20g
胡萝卜丝	10g
鸡蛋	1个

辅料

葱丝	10g
姜丝	5g
高汤	适量
香菜末	5g

调料

盐	1小匙
白胡椒粉	1大匙
醋	2大匙
水淀粉	1大匙

营养功效

酸辣汤深受众多爱美女性的青睐，它的酸味能刺激肠胃蠕动，辣味能促进血液循环和新陈代谢，而里面的食材也是营养丰富。塑身效果极佳的豆腐、木耳、胡萝卜和猪脊肉，尤其是猪脊肉，含有人体所需的优质蛋白、维生素等，肉质较嫩，易消化，热量相对较低。整款酸辣汤再配以少许主食做成一餐，非常有利于塑身。

做法

1. 猪脊肉洗净后切细丝，南豆腐切丝，鸡蛋打成蛋液。锅中入少许油，烧至五成热时放姜丝、葱丝煸炒出香味，将猪脊肉丝放入，待肉丝变色后放入木耳丝、胡萝卜丝，继续翻炒1分钟。

2. 锅中放入高汤、豆腐丝，大火烧开后转小火，熬煮15分钟，调入盐、醋搅拌均匀，大火煮开后用水淀粉勾芡，淋入蛋液，待蛋花凝后撒入白胡椒粉，最后撒上少许香菜末即可。

南国柔情味

西湖牛肉羹

烹饪时间 35分钟

难易程度 简单

营养功效

牛肉的营养价值很高，牛肉中的蛋白质所含的氨基酸较多，且脂肪和胆固醇含量较低，非常适合想要塑身的人群食用。而菌类热量低、口感佳，配以牛肉、鸡蛋，口感润滑，就算不吃主食也能令你心满意足。

主料

牛肉	220g
鸡蛋	1个

辅料

干香菇	5朵
葱末	5g
姜末	5g

调料

料酒	2小匙
酱油	2大匙
胡椒粉	1小匙
生粉	1小匙
水淀粉	1大匙
盐	适量
鸡精	1小匙
芝麻油	1小匙

做法

1. 牛肉洗净剁成肉末，加1小匙料酒、1大匙酱油、1/2小匙胡椒粉、1小匙生粉搅匀，腌15分钟。干香菇用温水泡发，挤干水分，切片。

2. 锅中倒入少许油，加入姜末、香菇片、牛肉末炒匀，再加入适量清水、料酒、酱油、胡椒粉和盐、鸡精搅匀，煮沸后倒入水淀粉勾芡。

3. 将鸡蛋打成蛋液倒入锅中，用筷子搅拌均匀，撒上葱末和点上芝麻油即可。

点滴沉淀，汇聚百香

葱香牛筋煲

烹饪时间 120 分钟

难易程度 简单

营养功效

牛蹄筋中胶原蛋白质含量极为丰富，并且不含胆固醇，脂肪含量相对较低。食用牛蹄筋煲的汤，能够加快人体细胞代谢，使肌肤更富有弹性、韧性，从而减少面部皱纹，延缓皮肤衰老。另外，食用牛蹄筋有强筋壮骨的功效，适合全家人食用。

主料

牛蹄筋	300g
白萝卜	100g
胡萝卜	100g

辅料

葱	50g
姜	10g

调料

蒸鱼豉油	2 小匙
老抽	1/2 小匙
料酒	1 小匙
白糖	1 小匙
盐	1/2 小匙
鸡精	1/2 小匙
水淀粉	1 小匙
高汤	适量

做法

1. 牛蹄筋放入凉水中烧开，捞出洗净。胡萝卜去皮，切成粗条。白萝卜去皮，切成滚刀块。葱洗净后切段，姜切片。

2. 牛蹄筋放入碗中，加适量清水、盐、老抽、姜片，上蒸锅大火蒸 1 小时，待牛筋变得软糯时取出，切成 1.5cm 长的小段。

3. 将牛蹄筋、白萝卜、胡萝卜放入砂锅中，放少许料酒、蒸鱼豉油、老抽、白糖、盐、高汤、葱段，焖煮 5 分钟，加鸡精，用水淀粉勾芡即可。

丽人的周末独享

山药羊腿汤

烹饪时间 60分钟

难易程度 简单

主料

山药	200g
羊后腿肉	200g

辅料

油豆腐	50g
圣女果	6个
姜片	3片
葱段	10g
香叶	2片
大料	2个
香葱	少许

调料

盐	1小匙
白胡椒粉	1小匙

做法

1. 羊后腿肉洗净，切块；山药去皮洗净，切滚刀块；圣女果洗净，备用。
2. 高压锅中倒入适量清水，放入羊肉块、姜片、葱段、香叶、大料，压30分钟。
3. 将高压锅内的羊腿肉及羊肉汤倒入汤锅中烧开，放入山药、油豆腐煮20分钟，再放入圣女果略煮，加盐、白胡椒粉、香葱末调味即可。

营养功效

山药中含有丰富的维生素和矿物质，所含热量相对较低。此外，山药中还含有一种天然的黏性物质，能够有效减少皮下脂肪的堆积，具有很好的减肥功效。羊肉肉质细嫩，脂肪、胆固醇含量较低，同样具有很好的塑身效果。

温馨提示

羊肉会带有一些膻味，事前如果浸泡一会儿，可以有效地去除羊肉的膻味。

汤亦有节

清香莲藕鸡汤

烹饪时间 100 分钟
难易程度 简单

主料

莲藕	200g
三黄鸡	半只

辅料

鱼丸	5 个
白菜叶	80g
枸杞	5 粒
姜片	4 片
葱段	3 段

调料

盐	1 小匙
白胡椒粉	1 小匙

营养功效

秋季是莲藕的丰收季节，此时在家里煲一锅清淡的莲藕鸡汤，能为一家老小带去最贴心的关爱。莲藕中含有大量的蛋白质、B 族维生素、维生素 C、脂肪、碳水化合物及钙、磷、铁等多种营养元素。莲藕与鸡汤同炖，具有明显的滋阴养血的功效，更能够强壮筋骨，有效改善肤色，使肌肤红润细腻。

做法

1. 三黄鸡洗净，斩成小块。莲藕去皮后切片，白菜叶洗净，枸杞用清水泡软，备用。

2. 将鸡块放入沸水中氽一下，去除血沫后捞出，放入汤锅中，再加入足量清水，放入姜片、葱段，大火烧开后转小火炖煮40分钟。

3. 向锅中放入藕片、鱼丸继续熬煮 20 分钟，加入白菜叶、枸杞，待白菜软烂后加入盐、白胡椒粉调味即可。

素颜之美

薏米土鸡汤

烹饪时间 100 分钟（不含浸泡时间）

难易程度 简单

主料

土鸡	1 只（约 350g）
薏米	100g

辅料

白芷片	3g
姜	1 块
枸杞	10 粒

调料

盐	适量

做法

1. 薏米洗净，提前 5 小时用清水浸泡。将土鸡斩成块，白芷片用清水洗净，姜洗净切片，备用。

2. 汤锅中倒入清水，大火烧开，放入土鸡块汆至变色，捞出。

3. 将汆好的鸡块放入砂锅中，一次性倒入足量冷水，大火煮开后改成小火，放入姜片、白芷片和薏米，盖上盖子，用小火煲约 1 小时后放入枸杞，继续熬煮 10 分钟，最后调入盐即可。

营养功效

除药用外，白芷常被用来做特殊调味料，其味芳香微苦，有改善人体微循环、促进皮肤新陈代谢、延缓肌肤衰老的功效。薏米中富含蛋白质、维生素 B_1、维生素 B_2 及油脂，与土鸡、白芷煲汤更具有美白肌肤的效果，还能增强肌肤的保湿功能。

温馨提示

白芷一般都是被烘干的，家里保存起来非常方便。可以将其放置在干燥通风的地方，注意防止霉烂即可。

主料

乌鸡	1只
口蘑	200g

辅料

蟹味菇	30g
金针菇	30g
香菇	30g
胡萝卜	50g
虫草	3个

调料

盐	适量

营养功效

乌鸡鸡肉中含有10种氨基酸，其蛋白质、B族维生素、烟酸的含量非常高，而胆固醇、脂肪的含量很低。中老年人经常食用乌鸡，能够防治骨质疏松。口蘑向来以鲜美滑爽的口感及其丰富的营养而为人称道，常饮乌鸡口蘑汤能够增强人体抵抗力，帮助降血压、降血脂，是滋补佳品。

温馨提示

在炖煮之前，可以用刀背将鸡骨砸裂，这样煲出的汤会更加营养、美味。

鲜香情谊心释然

乌鸡口蘑汤

烹饪时间 80分钟

难易程度 简单

做法

1. 乌鸡清理干净，口蘑洗净去蒂，蟹味菇洗净去除根部，金针菇洗净分成小束。香菇洗净去蒂，顶部切十字花刀。胡萝卜去皮切圆块，虫草洗净，备用。
2. 汤锅中放入适量清水烧开，放入乌鸡、虫草，水沸后转小火焖煮40分钟。
3. 将口蘑、蟹味菇、金针菇、香菇、胡萝卜块放入汤锅中，继续炖煮20分钟，最后用盐调味即可。

百味也柔情

罗宋汤

烹饪时间 90分钟

难易程度 简单

主料

鸡肉	100g
番茄	100g
胡萝卜	50g
土豆	50g

辅料

角瓜	30g
芹菜	40g
洋葱	30g
面粉	10g

调料

番茄沙司	2大匙
奶油	100mL
油	适量
白糖	1小匙
盐	1小匙
白胡椒粉	1小匙

做法

1. 番茄、洋葱、角瓜、胡萝卜、土豆均切成丁，芹菜切斜段。鸡肉洗净切小块，放入汤锅中，加入适量水炖煮30分钟，撇去浮沫。面粉放入干净的炒锅中，炒至颜色金黄。

2. 锅中倒入油，烧至五成热时放入土豆块、胡萝卜块、洋葱丁、番茄丁翻炒，之后加入番茄沙司、奶油，继续翻炒均匀，同时倒入鸡肉及煮出的汤汁，转小火熬制20分钟，加入炒好的面粉搅匀。

3. 待汤汁变得较为黏稠，放入角瓜丁、芹菜段，继续熬煮10分钟，最后放入白糖、盐、白胡椒粉调味即可。

主 料

辣白菜	200g
猪五花肉	100g

辅 料

洋葱	1/2 个
北豆腐	150g
蒜末	1 大匙

调 料

盐	适量
辣椒粉	1 小匙
牛肉粉	1/2 大匙
油	少许

特色

泡菜无疑是韩国菜中最常见也是最不可或缺的一位，无论是在主食中，还是在韩式主菜中，都可见泡菜的身影。当然，在韩式的汤中也少不了它。一碗泡菜汤，看似是简单红红的一碗，搭配一碗普通到极致的白米饭，一样能构成一顿完美的韩式美味。

温馨提示

辣白菜尽量选择菜叶部分，选用其他韩国泡菜亦可。

泡菜还是泡汤

泡菜汤

烹饪时间 20 分钟

难易程度 简单

做 法

1. 辣白菜切块；猪五花肉洗净后切成薄片；洋葱切丝，豆腐切成 0.5cm 的薄片。

2. 锅中烧热油，爆香蒜末，入猪五花肉片，烧至肉片变色及略缩时，下辣白菜块并调入辣椒粉，翻炒1分钟，加清水、洋葱丝及豆腐片。

3. 大火将汤烧开，转小火，盖上盖，熬制 15 分钟左右，撒入剩余的蒜末，调入适量牛肉粉及盐即可。

天大地大
大酱汤

烹饪时间 20分钟
难易程度 简单

营养功效

韩国人对于大酱的钟爱，已经到了无以复加的地步，几乎家家必备，餐餐必吃。用大酱熬煮成汤，除了应有的青菜、豆腐、海鲜等食材外，其他什么调料都不用再放了。饭前喝暖胃，饭后喝回味，用大酱汤下米饭更是香浓无比。

主料

主料	用量
北豆腐	300g
蛤蜊	150g

辅料

辅料	用量
西葫芦	1/2 个
小青辣椒	1 个
小红辣椒	1 个
丁香鱼干	10g
干海带	适量
葱花	少许
蒜末	少许

调料

调料	用量
辣椒酱	1/2 小匙
辣椒粉	1/2 小匙
韩国大酱	2 大匙
海鲜粉	1 大匙
香油	1/2 小匙
盐	适量

做法

1. 西葫芦洗净，切成月牙状薄片；蛤蜊放入盐水中充分吐沙，洗净备用；青、红辣椒切成小圈；豆腐切成厚约 0.5cm 的小片，备用。

2. 锅中倒入水，放入丁香鱼干和干海带煮开，下西葫芦片和辣椒圈，再次煮开后调入大酱、海鲜粉、蛤蜊、辣椒酱及辣椒粉，待蛤蜊壳打开后放入豆腐块，炖煮约 10 分钟。

3. 放入葱花和蒜末，根据口味放入适量盐，调入香油，关火即可。

再遇大酱

牛肉海带汤

烹饪时间 80分钟
难易程度 简单

营养功效

在韩国，海带汤又叫长寿汤，人们在过生日那天一早就要喝它，在汤中寻找一种贴心的慰藉，以期许一年的身体健康。这种独特的饮食风俗延续到了今天，仍让人无比眷恋。海带、牛肉与大酱都是很好的搭配，它们三者的味道结合在一起，能给人一种很和谐的味觉体验。

主料

海带结	50g
牛肉	100g

辅料

蒜蓉	适量

调料

酱油	1小匙
韩国大酱	1小匙
香油	适量
盐	适量

做法

1. 海带结洗净泡软。牛肉洗净，沥干水分，切成小块，放入少许蒜蓉、酱油、香油后腌制10分钟。

2. 锅中倒入少许香油，油热后放入切好的牛肉块翻炒3分钟左右，再倒入适量清水，用中火煮50分钟。

3. 向锅中加入韩国大酱、海带结继续小火炖煮20分钟，放入蒜蓉、盐调味即可。

温馨提示

真正的韩国海带与中国市场上的海带不同，质地比较细软，干的时候类似中国的紫菜，可以在大超市中的进口商品柜架中选购。

让豆腐化在口中

手豆腐汤

烹饪时间 20分钟
难易程度 简单

主料

南豆腐	1盒（150克）
蛤蜊	6个
辣白菜	适量
辣白菜汤汁	少许

辅料

大葱	30g
蒜	2瓣
鸡蛋	1个

调料

油	少许
辣椒粉	适量
盐	适量

营养功效

韩国的手豆腐，口感类似于日本豆腐或者中国的豆腐脑。汤里带着蛤蜊的鲜，又有辣白菜提味，拿起勺子，轻轻舀动着它，石锅的温热让这汤散发着袅袅余香，豆腐吸收了鲜和辣，滑嫩得几乎可以化在口中。

做法

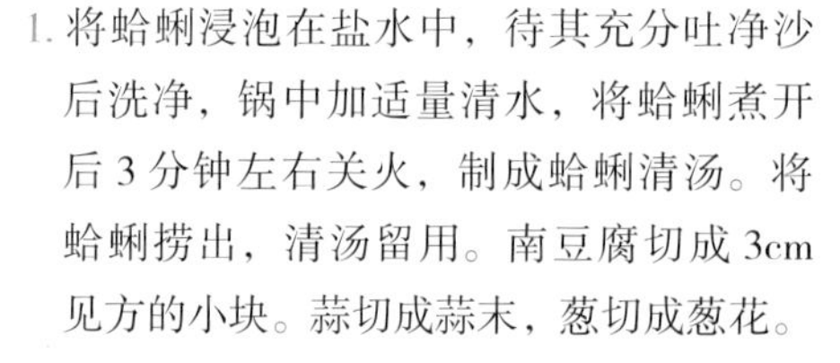

1. 将蛤蜊浸泡在盐水中，待其充分吐净沙后洗净，锅中加适量清水，将蛤蜊煮开后3分钟左右关火，制成蛤蜊清汤。将蛤蜊捞出，清汤留用。南豆腐切成3cm见方的小块。蒜切成蒜末，葱切成葱花。

2. 石锅中放入少许油，油热后放入辣白菜和辣白菜汤汁翻炒，当辣白菜变色后往石锅中倒入刚才煮好的蛤蜊清汤。

3. 等汤煮沸10分钟左右放入切好的豆腐、葱花、蒜末、蛤蜊、辣椒粉和少许盐，再次煮沸5分钟左右后关火，再往汤内放入一个生蛋黄即可。

温馨提示

最好用韩国辣椒粉，味道比较正宗。一定要趁热吃，鸡蛋也最好在汤热的时候放进去。

主 料

净鸭	半只

辅 料

人参须	5g
红枣	10 粒
栗子	10 粒

调 料

米酒	2 大匙
盐	1 小匙
冰糖	5g
葱段	适量
姜片	适量

营养功效

鸭肉本身具有很好的滋补功效，其中的蛋白质含量较高，脂肪含量较低，维生素 E 和 B 族维生素的含量也十分丰富。其中，维生素 E 能够延缓细胞衰老，有滋养肌肤的功效。需要注意的是，鸭汤、鸭肉在感冒期间不宜进食。

温馨提示

米酒气味清甜，与糖桂花相伴最为合拍，如果家中有糖桂花，可以将调料中的冰糖替换下来，舀上 1 小匙糖桂花，会令汤更加甜美而不腻口。

情迷只在微醉时
米酒参香鸭汤

烹饪时间 60 分钟

难易程度 简单

做 法

1. 鸭子洗净斩块，栗子去皮，红枣、人参须洗净，备用。

2. 汤锅中倒入适量清水烧开，放入鸭块大火煮10分钟，撇去浮沫，加葱段、姜片，转小火，加人参须、红枣、栗子，熬煮40分钟。

3. 加入米酒、盐、冰糖调味，待冰糖化开后即可。

江南古镇中，小筑屋檐下

菠菜血旺肉圆汤

烹饪时间 60 分钟

难易程度 中级

营养功效

菠菜是非常好的健脑蔬菜，富含抗氧化剂，如维生素E 、硒元素等，具有抗衰老、促进细胞增殖的作用，有助于防止大脑的老化。另外，菠菜中的铁、维生素C和维生素K还有很好的补血功效。鸭血的营养价值很高，含有丰富的蛋白质、铁、铜、钙等，补血功效显著。

主料

菠菜	200g
鸭血	100g
猪肉馅	100g

辅料

红枣	6个

调料

盐	1小匙
水淀粉	1小匙
白胡椒粉	1/2小匙
芝麻油	1小匙

做法

1. 菠菜洗净，去根部，切段；鸭血洗净切片。猪肉馅中加入1/2小匙盐、水淀粉及白胡椒粉搅拌均匀，用手揉成肉圆，备用。

2. 汤锅中倒入适量清水，煮开后放入肉圆。

3. 待肉圆变色后，放入鸭血片、红枣，转小火焖煮20分钟。

4. 放入菠菜，待汤再次沸腾时，加入剩余的盐调味，最后淋入芝麻油即可。

温馨提示

鸭血滑嫩美味，但总会伴随些许腥味，令人烦恼。去除鸭血腥味有两个好方法：第一个是将鸭血洗净切块，放入盐水中浸泡30 ~ 45分钟。另一个方法是在清水中滴入几滴白醋或柠檬汁，再将鸭血放入其中，浸泡30分钟即可。

喝到碗都不用刷的

冬瓜丸子粉丝汤

烹饪时间 50 分钟
难易程度 中级

特色

吃一口冬瓜，还是那样清香，心情舒畅了许多；再来一个肉丸，鲜美得让人一吃就上瘾。享受完冬瓜丸子给你带来的完美二重奏，再来体味一下粉丝的美味，到最后肯定能把这碗汤喝个精光……

主料

猪肉馅	150g
冬瓜	150g
粉丝	1小把

辅料

鸡蛋	1个
葱花	2小匙
姜末	2小匙
香菜末	少许

调料

盐	1小匙
鸡精	1小匙
料酒	1小匙
香油	1小匙

做法

1. 将冬瓜去皮洗净，切成片，厚度不要超过1cm。粉丝用温水泡软，放在一旁，备用。

2. 先把肉馅放在一个大碗里，用筷子搅拌开，再放入鸡蛋、盐、料酒、姜末搅拌均匀。记住搅拌肉馅的不二法门：顺着一个方向用力搅拌，直至上劲。

3. 将冬瓜放入锅中，加适量水加热。注意要开小火，保证一会儿下丸子的时候水不能滚开，以温热最好。

4. 接着开始做丸子。把搅拌均匀的肉馅用虎口挤成小丸子，放进锅里，等丸子都做好了，用中火煮10分钟。

5. 冬瓜也差不多熟了的时候，把粉丝放进去煮1分钟，再加入鸡精，撒上葱花和香菜末，最后淋上香油就可以出锅了。

温馨提示

做肉馅的肉不要用太瘦的，不然口感发“柴”不好吃。下丸子的时候如果水是开的，丸子很容易一下就散了，所以要注意控制水温。

阑珊灯火，汤悦佳人

桂圆老鸭煲

烹饪时间 90分钟

难易程度 简单

主料

鸭子	半只
桂圆干	10颗

辅料

酸萝卜	40g
香菇	6朵
冬笋片	20g
枸杞	适量
姜片	3片
葱段	3段

调料

盐	适量
鸡精	适量

做法

1. 酸萝卜切丝，桂圆干去皮。香菇洗净去蒂，顶部切花刀。鸭子洗净，放入沸水中汆一下，去除血沫。枸杞用温水泡软。

2. 将鸭子放入汤锅中，加入温水、姜片、葱段，大火烧开后转小火熬煮50分钟。

3. 在汤锅中加入酸萝卜丝、桂圆干、香菇、冬笋片、枸杞，继续熬煮20分钟，加入盐、鸡精调味即可。

营养功效

桂圆含有丰富的蛋白质、维生素、碳水化物、钙、磷、铁等营养元素。桂圆干有滋补健体、补心安神、益脾开胃、润肤美容的功效。鸭肉能够保持肌肤水分。两者合煲，美容养颜的作用更明显。

温馨提示

桂圆干要尽量存放在避光效果好的密封容器内，并放置于阴凉、通风、干燥的房间中保存。

五福临门

海鲜汤煲

烹饪时间 25分钟

难易程度 简单

主料

蛏子	10只
虾仁	10只
蛤蜊	10个
鱿鱼	50g
枸杞	10g

辅料

姜片	20g
香葱末	10g

调料

盐	适量
鸡精	适量
香油	少许
白胡椒粉	适量
高汤	适量

温馨提示

蛏子、蛤蜊市场上都有鲜活的出售，买回家后放入一盆盐水中，让其尽量多地吐出沙子。如果时间比较紧，可以用筷子顺着一个方向在盆中画圈，这样它们就能较快地将沙子吐出、吐净。

海鲜汤煲的营养价值极为丰富，是滋补佳品。其实，这样的汤还有很多，如栗子老鸭汤、黄豆猪蹄汤、党参乌鸡汤、红枣瘦肉汤等。汤之博大，种种营养与温情尽数融入，实为家宴滋补中的上上品。

特色

品尝过美味的正餐之后，汤水绝对是滋润肠胃的最好选择，而这道海鲜汤里尽是宝物：蛏子、蛤蜊、虾仁一应俱全，喝下一口，真是鲜香美味！

做法

1. 蛏子、蛤蜊洗净，虾仁洗净去除虾线。鱿鱼切花刀，枸杞用温水泡软，备用。
2. 锅中倒入足量高汤，放入姜片煮开，将蛏子、虾仁、蛤蜊、鱿鱼、枸杞放入。
3. 待虾仁变色，加入盐、鸡精、白胡椒粉调味，撒入香油、香葱末即可。

八仙过海

什锦鱼丸鲜汤

烹饪时间 30 分钟

难易程度 简单

特色

用新鲜的海味和时蔬熬制的汤水，鲜到让舌尖迷离，加之自制鱼丸的鲜嫩弹滑，更是给这碗汤水增色不少！不光喝汤能大饱口福，咀嚼着颗颗小球球，感受它在齿间上下跳跃，你会觉得很有趣，心情也会跟着大好哦！

主料

墨鱼丸	60g
蛤蜊	30g
扇贝	20g
豆芽	20g
豆腐	20g

辅料

姜片	3片

调料

盐	少许

做法

1. 蛤蜊先泡在清水中使其吐净泥沙，然后冲洗干净。扇贝洗净，墨鱼丸切十字花刀。

2. 汤锅里放入八分满的清水，把洗干净的蛤蜊、墨鱼丸、扇贝放入锅中，放入姜片，大火煮开后转小火，慢炖半个小时。

3. 放入豆芽、豆腐，再煮10分钟，最后放入少许盐调味即可。

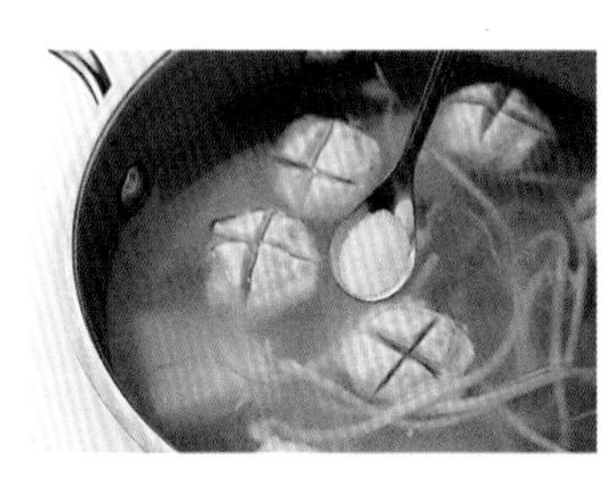

温馨提示

蛤蜊最好在清水中浸泡一天，这样泥净才能吐得干净。

汤中可以加入自己喜欢的蔬菜，随意搭配味道更好。这款汤不必煮得太久，水不必加太多，以免冲淡原料的鲜味。

沉鱼之味，落雁之容

鱼头豆腐汤

烹饪时间 80分钟

难易程度 中级

营养功效

鱼头汤中所含的营养较为全面，尤其是鱼脑，含有“脑黄金”——鱼油。鱼油中富含高度不饱和脂肪酸，是人体必需的营养元素，经常食用可增强大脑活力。豆腐中含有较多的大豆蛋白，其中含有丰富的卵磷脂，对女性来说是很好的营养物质。

主料

鱼头	1个（约300g）
豆腐	80g

辅料

胡萝卜	40g
枸杞	8粒
姜片	3片
葱段	3段
香葱丝	适量

调料

料酒	1大匙
盐	适量
胡椒粉	适量

温馨提示

使鱼头汤呈奶白色是有窍门的：煎鱼头是必不可少的一个步骤，待鱼头变得焦黄即可。

做法

1. 鱼头洗净，豆腐切长方形片。胡萝卜洗净去皮，切圆块。枸杞用清水浸软，备用。

2. 煎锅中放油，烧至五成热时将鱼头下锅，烹入料酒，双面煎一下。

3. 将煎好的鱼头放入砂锅中，加入适量清水，大火烧煮10分钟后转小火，加入姜片、葱段，继续熬煮20分钟，然后将豆腐片、胡萝卜块、枸杞放入砂锅中，再熬煮15分钟，加入盐、胡椒粉调味，最后放入香葱丝即可。

茶亭小坐，味清情浓

茶香鸡汁鱼腩煲

烹饪时间 30分钟

难易程度 中级

主料

鱼腩肉	200g
龙井茶叶	适量

辅料

火腿	40g
冬笋片	40g
蘑菇	40g
香葱末	3g

调料

鸡汤	适量
盐	适量
胡椒粉	适量
油	1小匙
料酒	1小匙

做法

1. 鱼腩肉切片，用少量盐、油、胡椒粉、料酒搅拌均匀。火腿切丝，蘑菇洗净切片，备用。
2. 锅中倒入鸡汤烧开，下鱼腩肉片、火腿丝、冬笋片、蘑菇片，煮沸约5分钟，加盐调味。
3. 把龙井茶叶放入杯中冲开，取茶水倒入鸡汤中，搅匀后煮沸关火，撒入香葱末即可。

营养功效

鱼腩肉中含有叶酸、维生素B_2、维生素B_{12}及丰富的镁元素，对心血管系统有很好的保护作用，有利于预防高血压等心血管疾病，是强身健体的佳品。龙井茶中含有多种维生素，常饮龙井茶能够满足人体对维生素C的需求，维生素C可增强人体抵抗力，更有延缓衰老的作用。

主料

鳕鱼肉	200g
鲜虾	6只
西兰花	50g

辅料

胡萝卜	60g
洋葱	50g
高汤	足量
鸡蛋丝	少许

调料

油	适量
料酒	1小匙
盐	适量
白胡椒粉	适量
五香粉	适量

营养功效

鳕鱼肉质厚实，细刺极少，吃起来口感鲜美，含有丰富的蛋白质且热量极低；鲜虾的热量也很低。这款鳕鱼兰花汤当然是非常适合正在塑身美体的女性饮用的。

温馨提示

鳕鱼肉质非常嫩，所以一定要最后放入。买回来的鳕鱼周边一般会有残留的鱼鳞，一定要将鱼鳞一点点地刮干净。这样做出的鳕鱼汤才不会有腥味。

如花似玉

鳕鱼兰花汤

烹饪时间 30分钟

难易程度 简单

做法

1. 鳕鱼肉切成块。胡萝卜、洋葱洗净，均切成大小相仿的片。西兰花洗净后掰成小朵。鲜虾洗净，去头、壳及虾线。

2. 锅中倒入少许油，烧热后将洋葱片放入翻炒，加入鲜虾、胡萝卜片翻炒，同时撒入五香粉，加料酒去腥，翻炒出汤汁后焖5分钟。

3. 锅中加入高汤、鳕鱼块、西兰花，先用大火烧开，再转小火煮10分钟，撒入鸡蛋丝，最后用盐、白胡椒粉调味即可。

鲜香奶白的

泡椒酸菜鱼汤

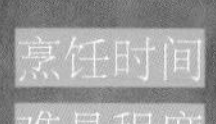 40 分钟

 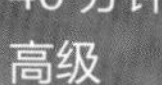 高级

特色

鱼汤奶白鲜香，鱼片嫩滑酸爽可口，让人回味无穷、胃口大开。有时候，我们觉得做这道菜有点难，其实难点就在片鱼片上，只要勤加练习，很多好吃的菜就可以在家里享用了。

主料

草鱼	1条

辅料

酸菜	20g
木耳	10g

调料

红泡椒	10g
绿泡椒	10g
葱姜蒜	15g
鸡蛋清	1个
白胡椒粉	1小匙
鲜花椒	适量
盐	适量
料酒	2大匙
干淀粉	2大匙
油	适量

做法

1. 草鱼去鱼鳞、鱼鳃和内脏，清洗干净，切下鱼头、鱼尾，备用。将鱼身沿着中间鱼骨分成两片，鱼皮朝下，斜切剔除鱼骨，再将鱼肉斜切成等厚的薄片。将鱼头对半切开，鱼骨切成和鱼片大小相仿的段，备用。

2. 把鱼片放入一个大碗中，加入少许盐、胡椒粉、料酒、淀粉、蛋清搅拌均匀，腌制15分钟左右。

3. 葱、姜、蒜洗净，切成片，备用。酸菜切丝焯水。红绿泡椒切成小段。鲜花椒洗净。木耳提前泡发好，择成小朵。

4. 锅中倒入少许油，下葱姜蒜爆香，加入鱼头、鱼尾和鱼骨翻炒均匀，继续放入酸菜翻炒一会儿，加适量没过鱼的热水，中火煮20分钟左右到鱼汤奶白，放入木耳继续煮一会儿，加入适量盐调味。把汤中所有料都捞出，铺在一个大碗的碗底。

5. 继续大火煮鱼汤，水沸后一片一片地加入鱼片，并用筷子滑散。待煮到鱼片变色、刚熟时即刻关火，将鱼片和适量鱼汤盛入大碗中。

6. 锅内放少许油，油热后迅速关火，加入鲜花椒和红绿泡椒，用余温将其烫香，然后将其浇在鱼片上即可。

温馨提示

鱼肉可以选用草鱼、黑鱼、鲇鱼等肉厚刺少的种类。酸菜和泡椒一定选好的品牌，这是做好这道菜的关键。

切鱼片有一定技巧。比如，切的时候可以上下各垫一块小毛巾，防止打滑。一定要斜切，倾斜度越大，鱼片越大。

邂逅生活的甜美

芹香鲜奶虾肉浓汤

烹饪时间 35分钟

难易程度 中级

主料

大虾	6只

辅料

香芹	30g
甜玉米粒	20g
小西红柿	20g
小白菜叶	10g
面粉	15g
黄油	10g

调料

牛奶	150mL
鲜奶油	50mL

特色

鲜奶油中含有丰富的钙元素、维生素A、维生素D、维生素E及维生素K。牛奶中含有丰富的蛋白质、各种维生素及矿物质，特别是含有较多B族维生素，经常饮用能够滋润肌肤，使肌肤柔软白嫩。芹香鲜奶虾肉浓汤是一款西式的美味汤品，其中丰富的钙元素可增强人体骨骼、牙齿的强度，更能促进青少年智力的发育。

做法

1. 大虾洗净去头、虾线，放入沸水中汆熟；香芹洗净切末；小西红柿洗净，去蒂切碎；小白菜叶切丝，备用。

2. 将面粉放入一口干净的炒锅内，小火翻炒至颜色金黄，关火备用。

3. 锅中倒入黄油，待其化开后，将牛奶和鲜奶油放入锅中，加入炒好的面粉搅匀，烧至五成热时放入香芹末、甜玉米粒，用小火熬煮7分钟，最后向锅中放入大虾、小西红柿碎、小白菜叶丝搅拌均匀，继续熬煮5分钟即可。

第四章

饭菜合一

好菜是臣，主食是君。

好菜离不开好饭，什么都不想做的时候，

那么就做个炒饭吧。

很简单，身心却满足。

南国温婉一派

扬州什锦蛋炒饭

烹饪时间 20分钟

难易程度 简单

特色

据记载，扬州炒饭的前身为“碎金饭”。据说，隋炀帝在巡游扬州的时候，将“碎金饭”带到了扬州，扬州炒饭便诞生了。后来，有个叫伊秉绶的扬州知府，在自己的《留春草堂集》中记述了扬州炒饭的做法，罢官回家后将之传到了闽粤地区。扬州炒饭的味道不像其他地方的炒饭那般浓烈，它鲜美且清淡，最好是静静地吃、细细地品。你不仅能品味到飘然而至的清鲜，还能体味到南国的温婉柔情。

主料

粳米饭	150g
鸡蛋	2只
虾仁	15g
火腿丁	15g
香肠丁	15g

辅料

青豆	15g
水发香菇丁	15g
冬笋丁	15g

调料

鸡精	2g
盐	2g
胡椒粉	少许

做法

1. 锅中倒入油，烧至四成热，放入虾仁、火腿丁、香肠丁、青豆、冬笋丁、水发香菇丁滑炒至熟，捞出沥油，待用。

2. 将炒锅刷洗干净，倒入适量油，将打散的蛋液倒入锅中，炒至八成熟盛出，待用。

3. 将粳米饭炒散，加入刚才炒熟的材料，撒入盐、鸡精、胡椒粉调味即可。

温馨提示

炒米饭的要诀：一定要干、散、油，这就要求炒米饭的米本身煮得比较硬，用隔天的剩米饭最好。还有就是，炒米饭时一定要舍得放油，充足的油量才能使米饭粒粒分明、油光锃亮，但也要记得不要太过油腻为好。

素食也有鲜滋味

什锦素菇烩饭

烹饪时间 20 分钟

难易程度 简单

特色

蘑菇一直是爱美人士喜爱的食物，其具有高蛋白、低热量的特性，即使窈窕淑女也可以坦然地大吃一顿。蘑菇虽然是素食，但是无论如何烹饪，总能品出一股鲜香的味道。拿来炒饭，更是绝配，小小一碗饭里囊括了所有你想要的——简约、美味，还有健康。

主料

米饭	150g
口蘑	100g
蟹味菇	100g
金针菇	80g

辅料

油菜	50g
奶酪	30g

调料

生抽	1大匙
鸡精	1小匙
盐	2g
胡椒粉	2g

做法

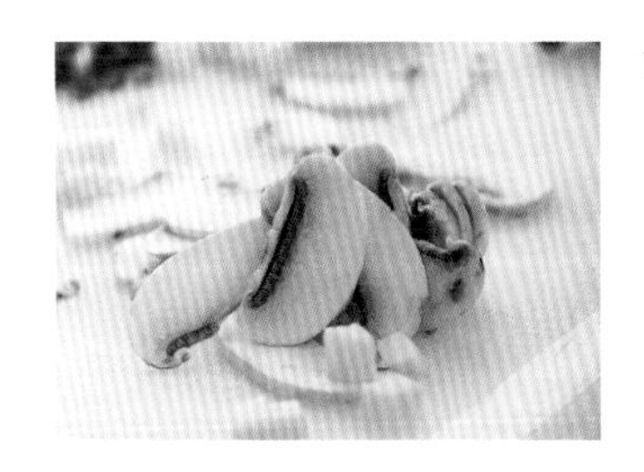

1. 口蘑、蟹味菇、金针菇洗净，去蒂。口蘑切片，奶酪切小丁，油菜切碎，备用。

2. 锅中倒入适量油，烧至五成热时放入口蘑、蟹味菇、金针菇翻炒均匀，加入奶酪丁、生抽、鸡精、盐、胡椒粉，继续翻炒均匀。

3. 最后撒入油菜碎，熄火，将蒸熟的米饭拌入其中即可。

温馨提示

这款什锦素菇烩饭里面的奶酪丁，可以在炒制的过程中加入，也可以在出锅前加入。推荐在炒制的过程中加入，这样奶酪丁就会融化在蘑菇里，蘑菇的味道会溢满奶香。

百里挑一

台湾卤肉饭

烹饪时间 60 分钟

难易程度 高级

特色

台湾美食素来受粤菜、闽菜的影响，精致且多样。在花样繁多的台湾特色美食中，论及美味当然不胜枚举，然而这卤肉饭却是百里挑一的极品。蒸上油亮香糯的东北大米，烹上浓香的卤肉，再浇上那鲜甜诱人的卤汁……挖上半勺饭，里面要有拌好的卤汁浸润，之后举箸牵来一块卤肉，置于勺中，与饭一起送入口中，任其鲜、甜、香、糯之味在口中恣意来往。先不要急于咽下，慢慢地发掘其中源源不绝的美味之泉吧……

主料

五花肉	300g
米饭	200g

辅料

西兰花	适量
胡萝卜	适量
卤蛋	1个
蒜蓉	20g
姜片	3片
葱段	2段

调料

绍酒	1大匙
盐	适量
糖	1小匙
八角	2个
蚝油	1小匙
五香粉	2g
生抽	3大匙

做法

1. 将五花肉洗净，放入沸水中，加姜片、葱段煮约10分钟，捞出稍凉，切成小块。

2. 锅中倒油，烧至五成热时放入肉块和蒜蓉、八角，小火炒香，加入绍酒、盐、糖、五香粉、生抽、蚝油，熬煮至微滚，倒入温水，转小火。

3. 加盖炖煮40分钟至肉熟软、收汁，熄火。

4. 西兰花和胡萝卜焯熟，备用。煮熟的鸡蛋可以放入酱汁中腌制成卤蛋。将蒸好的米饭盛入碗中，将肉汁淋在米饭上，加入对切开的卤蛋，再加入焯好的青菜即可。

温馨提示

在炖肉时，不要把肉汁收得太干。将浓浓的卤肉汁浇在米饭上，非常美味。

用勺吃也照样香

新疆手抓饭

烹饪时间 90分钟

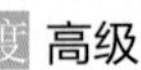
难易程度 高级

特色

面前的这份香喷喷的手抓饭，是维吾尔族、乌兹别克族等民族用来款待客人的上品美食，当地人一般是净手后直接用手抓着吃，故名手抓饭。传说在1000多年前，有个医生晚年体质十分虚弱，吃药亦无用，于是便自己研究出了这手抓饭，用食疗的方法使自己康复。且不论此传说的真假，单是这盘中油光滑亮的手抓饭，一眼便知是营养与美味的完美结合，引人食欲顿生。

主料

羊腿肉	300g
大米	300g

辅料

胡萝卜丝	50g
苹果丝	50g
洋葱丝	100g
葡萄干	少量

调料

盐	适量
生抽	50mL
香菜碎	适量
孜然粒	1小匙
蒜末	1小匙

做法

1. 大米用水浸泡2小时，再用热水淘洗2遍，待用。

2. 羊腿肉切大块，用水汆过，加生抽、盐炖30~40分钟，捞出待用。

3. 锅中加少量油烧热，将蒜末、洋葱丝炒出香味，再入胡萝卜丝、苹果丝翻炒，撒少许盐调味，盛出待用。

4. 另起锅，入油烧热，放入煮好的羊肉，煎炸出焦香味，放入刚炒好的菜丝。

5. 再放泡好的大米，翻炒后放入水（水量是食材的1/2），水开后转小火炖煮30~40分钟即可。在炖煮的过程中可以依据口味加入适当的盐、孜然粒、葡萄干和香菜碎。

温馨提示

正宗的新疆手抓饭是不加生抽的，但羊肉吃起来比较膻，适当地在抓饭里面添加一些生抽，可去膻提鲜，味道相当不错哦。

罗马假日

意大利红烩饭

烹饪时间 25 分钟

难易程度 简单

特色

风靡世界的意大利美食，大多热情奔放，就像当地人一样，友善的性情中略带几分艺术气息。这里的菜肴源于古罗马帝国的宫廷宴，文艺复兴时期佛罗伦萨风情深深地渗透其中。红烩是意大利菜的主要做法之一，用红来感染你的视觉，用香甜来感动你的味觉，直至触动心灵的那一刻，方才用有魔力的音符巧妙地引你聆听、品味……

主料

米饭	200g
口蘑	100g
西红柿	1个

辅料

芹菜	50g
紫洋葱	50g
芝士碎	1大匙

调料

番茄酱	1大匙
蒜蓉	2小匙
法香碎	1小匙

做法

1. 将口蘑洗净，去蒂切片。西红柿去皮。芹菜、紫洋葱洗净，切成小块，备用。
2. 锅中放油烧热，将蒜蓉放入锅中翻炒出香味，之后放入切好的西红柿、芹菜、紫洋葱、口蘑炒熟，放入番茄酱加水熬煮。
3. 待汤汁已差不多变少，将米饭倒入锅中搅拌均匀，开小火煮到汤汁完全收干，最后撒上芝士碎、法香碎即可。

温馨提示

用来做烩饭的米饭不要选择过于黏软的，要尽量将米饭做到粒粒分明，颗粒晶莹饱满。建议选用半熟的米饭，在锅中经由汤汁慢慢将其煨熟，口感更佳。

田间飘出的曼妙滋味

西班牙海鲜饭

烹饪时间 20分钟

难易程度 简单

特色

说起西班牙海鲜饭，其实最初不过是农场主和田间农民的午饭罢了，以米饭和田间常见的野味如鸡、鸭、兔等为主，就地生火，做好后就在田间食用。后来，沿海地区的人们凭地利之便，在饭中逐渐加入了越来越多的海鲜，成就了这道西班牙海鲜饭。西班牙海鲜饭给人一种丰盛中带着精致的美感，仿佛自己正坐在西班牙的海景花园中，与朋友们一同享受。

主料

大米	100g
墨鱼仔	50g
虾	30g
扇贝	10 个
蟹肉棒	20g

辅料

红黄彩椒	40g
洋葱	30g
蟹味菇	50g
青豆	20g
甜玉米粒	20g
瘦肉丁	20g

调料

鸡汤	150g
葡萄酒	1 大匙
盐	适量
罗勒碎	1 小匙

做法

1. 将墨鱼仔、虾、扇贝、蟹肉棒洗净。红黄彩椒、洋葱洗净，切丁。蟹味菇择洗干净。蟹肉棒斜切成小段，大米淘洗干净，蒸熟备用。
2. 锅中倒入油加热，放入洋葱丁爆香，加入瘦肉丁、墨鱼仔、蟹肉棒、彩椒丁、青豆、甜玉米粒、蟹味菇翻炒，加入盐调味。
3. 放入扇贝肉和虾，加鸡汤、葡萄酒焖 10 分钟左右，加入蒸熟的米饭搅拌均匀，盛入扇贝壳中，撒上罗勒碎。将成品放入烤箱，烤 5 分钟左右即可。

温馨提示

扇贝壳里面是盛不下所有的米饭的，但是用它来诱惑家里不爱吃饭的小孩子们真是再合适不过了。将盛入扇贝壳中的米饭上面覆盖上一些芝士丁，入烤箱将芝士丁烤化，孩子们一定会争着吃的！

闲观天边云飞扬

普罗旺斯坚果饭

烹饪时间 25分钟

难易程度 简单

特色

一份带着浓郁坚果香气的普罗旺斯坚果饭，最适合懒懒散散地享受——这才是普罗旺斯的生活态度，简致、清闲，宠辱不惊，一切顺其自然。想象一下：眼前是漫山的薰衣草花海，身边是自己最爱的人，没有束缚——那才是真正的天堂。

主料

米饭	150g
松子	1 大匙
核桃碎	30g
腰果	30g
百里香	少许
芝麻	20g

辅料

洋葱碎	5g
青豆	少许
青菜叶	少量

调料

盐	2g
橄榄油	适量
高汤	2 大匙

做法

1. 将橄榄油倒入锅中加热，放入洋葱碎、松子、核桃碎、芝麻、腰果，翻炒均匀。

2. 加入高汤、盐，略煮一会儿。

3. 待干果略有膨大，放入蒸熟的米饭、百里香、青豆、青菜叶，翻炒均匀即可。

温馨提示

坚果饭是非常有营养的一款米饭，制作起来也很随性，只要自家有的坚果，都可以毫不吝惜将它加入到米饭之中。但要注意：坚果粒越小越好，这样吃起来口感才好。

外婆家的小厨房

橄榄奶酪焗饭

烹饪时间 35分钟

难易程度 简单

特色

“焗”是西餐中很常见的一种做法，能让原料的香味充分渗透，浓香、温馨、丰盛，让人回想起纯真的童年时光。外婆家飘出的袅袅炊烟，总是引得在外面玩耍的孩子们早早回家，乖乖地坐在餐桌旁边，因为这是他们最爱的、最熟悉的家的味道。浓郁的奶香给我们真真切切的温馨感觉，吃一口，美味在口，温暖在心。

主料

奶酪	150g
熟米饭	200g

辅料

黑橄榄	10 粒
芦笋	10 根
腊肠	6 根
笋尖	40g
胡萝卜	30g

调料

黑胡椒碎	1 小匙
盐	适量

做法

1. 黑橄榄洗净，切圆片。芦笋洗净，去外皮，切丁。腊肠切丁。笋尖洗净，切小圆丁。胡萝卜去皮，切粒。奶酪刨成丝。

2. 将蒸熟的米饭盛入烤盘中，黑橄榄、芦笋、腊肠、笋尖、胡萝卜、奶酪丝、黑胡椒碎、盐混合均匀，撒在米饭上。

3. 放入已经预热好的烤箱，以 200℃烤 10 分钟，待奶酪完全化开即可。

温馨提示

焗饭最关键就在于不能出水，在烤制的过程中，但凡有一点水渗出，那这份焗饭的口感就肯定大打折扣了。所以，加入其中的各种蔬菜既要清洗干净，又要注意沥干水分。

金黄色的美味

印度咖喱牛腩饭

烹饪时间 80 分钟

难易程度 高级

特色

对印度人来说，咖喱是一种必不可少的美味。咖喱迷人的芳香，也跟着印度人的脚步逐渐传播到世界各国。添加了椰浆的咖喱口感滑顺，口味温和而甘甜，而其金黄的色泽更是吸引众生。挑战你胃口的时候到了，快快开动吧！

主料

牛腩	200g
大米	200g

辅料

胡萝卜	1根
土豆	2个
洋葱	半个
姜片	3片

调料

咖喱酱	200g
椰浆	100mL
料酒	1大匙

做法

1. 将牛腩洗净后切小块，放入沸水中，加入姜片、少量料酒炖煮40分钟，捞出沥水，备用。

2. 洋葱去皮，洗净，切片。胡萝卜、土豆洗净，切滚刀块。大米淘洗干净，放入电饭煲内蒸熟，备用。

3. 锅中倒入适量油，烧至七成热时放入洋葱炒香，随后放入牛腩翻炒，放入胡萝卜、土豆继续不停翻炒。

4. 约5分钟后，向炒锅中倒入开水及椰浆，烧开后转小火，焖煮20分钟，随后放入咖喱酱，搅拌至咖喱酱完全化开且变得黏稠后熄火。将米饭盛入盘中，淋入熬好的咖喱酱汁即可。

温馨提示

有些咖喱酱汁中本身就含有盐，做的时候要注意盐的用量。

牛腩可以事先炖煮熟，用高压锅炖牛肉既快又软烂。剩余的牛肉汤不要倒掉，与椰浆一起加入到咖喱酱汁中也是不错的主意。

只要你喜欢

五谷杂粮饭团

烹饪时间 20分钟（不含浸泡时间）
难易程度 简单

特色

想要体验久违的五谷稻香，并非难事；突发奇想，想要做出精致的美食，在享用之前也能细细欣赏一番，不成问题；想把自己喜欢的酱汁调料都拿出来，好好把弄尝试一番，绝对可以——米饭就有这般可贵的气质，任你所想，无其不能，只要你喜欢！

主料

香米	60g
小米	60g
紫米	60g
薏米	60g

辅料

红豆	40g
绿豆	40g

调料

白糖	1 大匙
蜂蜜	1 大匙

做法

1. 将香米、小米、紫米、薏米淘洗干净。红豆、绿豆、薏米提前用清水浸泡约 8 小时。

2. 将红豆、绿豆及各种米粒放入电饭煲中，加入适量清水、白糖、蜂蜜搅拌均匀，蒸成五谷杂粮饭。

3. 待杂米饭略凉，取出揉成饭团即可。

温馨提示

如果你的时间充裕，可以取些热狗肠、奶酪片，将它们统统切成小段，包在杂饭团中，这样做出来的杂饭团会更加美味。一口一个，非常适合作为上班族的便当。

辣的魔力，辣的幸福

剁椒鸡丝饭

烹饪时间 30 分钟

难易程度 简单

特色

辣，有着无与伦比的魔力。好多人对它都是又爱又恨，恨它这般刺激唇舌，却又爱它的火辣味道。每一次只要嘴边沾到辣，便一发不可收拾，甚至直到肚饱还是会眼馋。这碗剁椒鸡丝饭，便是这样的“狠角色”，散发着极致的诱惑，让人一旦“上钩”便无法逃脱。

主料

香米	150g
鸡胸肉	100g

辅料

荷兰豆	80g

调料

剁椒酱	适量
鸡汁	1 大匙

做法

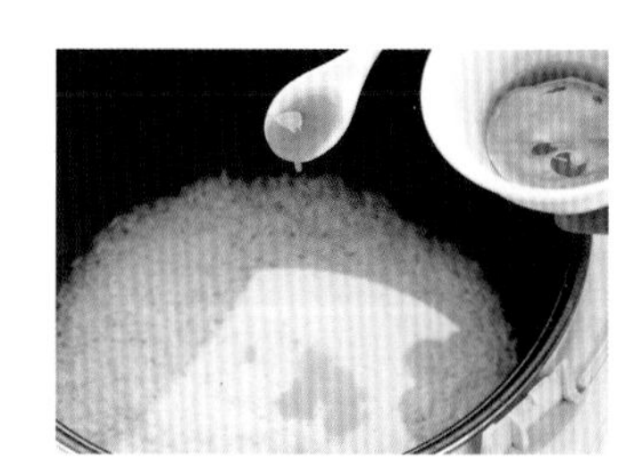

1. 香米淘洗干净，加入适量清水及鸡汁，放入电饭煲内蒸熟，备用。

2. 鸡胸肉洗净，荷兰豆择洗干净，分别放入沸水中氽熟。将熟透的鸡胸肉用手撕成细丝。

3. 将米饭盛入碗中，加入氽熟的鸡肉丝、荷兰豆，吃的时候拌入剁椒酱即可。

温馨提示

剁椒酱也可以自己在家做，事先要准备好红辣椒、蒜、姜、盐、糖和高度白酒。鲜红辣椒剁成辣椒碎，蒜捣成蒜蓉，姜捣成姜蓉。将辣椒碎、蒜蓉、姜蓉放入盆中，加入盐、糖搅拌均匀，放置 10 分钟后再搅拌一次，然后把剁椒酱放入干净无水的瓶里，均匀撒入白酒，盖上瓶子。约 5 个小时后放入冰箱，几天以后就可以吃了。

害羞的米饭

翡翠白菜卷

烹饪时间 25分钟

难易程度 简单

特色

不知何故，米饭害羞地躲进了白菜卷中，颇有几分“犹抱琵琶半遮面”的动人姿态。清鲜的味道虽然并不新奇，但是卷状的造型，加上随意淋上的调味汁，让米饭温柔随性的一面展现在了你的眼前。

主料

米饭	150g
白菜叶	5 大片
虾仁	100g

辅料

胡萝卜	40g
黄瓜	40g
熟芝麻	适量

调料

甜辣酱	1 大匙

做法

1. 虾仁去除虾线，汆熟备用。胡萝卜、黄瓜洗净，去皮切丝。

2. 将白菜叶洗净，用沸水汆熟；胡萝卜丝入沸水中焯熟，备用。

3. 将蒸熟的米饭铺在沥干水分后的白菜叶上，涂抹上一层甜辣酱，再撒上些熟芝麻，之后放入黄瓜丝、胡萝卜丝、虾仁，卷成卷即可。

温馨提示

如果白菜卷的上下口不好封住，可以用几根焯过的香菜将白菜卷的两头系紧。

乐活新吃法，蔬果正流行

喷香菠萝炒饭

烹饪时间 25分钟
难易程度 简单

特色

天然健康的饮食也越来越受到重视，这种“新食尚主义”讲求品尝食物的天然与原味。菠萝饭从来都是高档餐厅里的宠儿，其漂亮的外形以及口口香甜的味道，令人赞许不已。而菠萝饭最大的成功之处就在于它的天然，盛装在水果菠萝的凹槽之中，一点点将菠萝汁液渗透在颗颗饭粒之间，这样的饮食新概念，让你吃到原汁原味的感动。

主料

糯米	150g
菠萝	1个

辅料

青豆	50g
胡萝卜	50g

调料

盐	2g
白砂糖	1小匙

1. 糯米加适量清水，入电饭煲蒸至八成熟，备用。

2. 菠萝洗净，在1/4处切去顶部做盖子，余下的3/4做容器。将菠萝肉挖出，切成小粒，备用。胡萝卜去皮洗净，切成小粒。

3. 将蒸熟的糯米饭和菠萝粒、白砂糖、盐、青豆、胡萝卜粒混合，装入菠萝容器内，盖上菠萝盖。将菠萝容器入蒸笼中，大火蒸15分钟至入味即可。

菠萝饭还有一种做法：在泡好的糯米中加入菠萝肉、红提干、甜玉米、干果等，盖上菠萝盖，直接用大火蒸熟，味道也不错。

白领的早餐口福

蛋包火腿香饭

烹饪时间 30分钟

难易程度 简单

主料

腊肠	1根
鸡蛋	2个
米饭	200g

辅料

青椒粒	少量

调料

盐	1小匙
鸡精	1小匙
胡椒粉	2g

特色

米饭不仅是诱人的美味，让米饭融入生活的你，也会幸福得让人羡慕。这道蛋包火腿香饭，美味且简单易做，非常适合做早餐。做好后放在便当盒中，早上任别人如何匆匆忙忙，你都可以泰然自若地捧出来慢慢享用。当人们闻到香气之后，自然会向你投来羡慕的目光，羡慕你会享受，也羡慕你的好口福。

做法

1. 锅中倒入适量油烧热，放入打散的蛋液，摊成鸡蛋饼，盛出备用。腊肠切片，备用。
2. 锅中继续加入适量油，烧热后放入腊肠片、青椒粒、蒸熟的米饭，翻炒均匀，撒入盐、鸡精、胡椒粉调味，熟后盛起。
3. 将炒好的米饭小心包入蛋皮中即可。

温馨提示

鸡蛋摊成蛋皮，一定要又薄又完整。在制作过程中需要很多技巧：首先在蛋液中加入一点点清水，搅拌均匀；将平底锅烧热，放油，热锅温油，倒入鸡蛋液，慢慢摇匀锅体，待鸡蛋皮一面凝固后翻转另一面就可以了。注意，一定要保持小火。

第五章

日料韩料及西餐

嘿，虽然不能每天出国旅游，

但是餐桌上增添点他国滋味总是好的。

清淡的日餐，滋味浓烈的韩餐，异国情调的西餐，

让身为国人的我，用嘴巴游历世界。

朋友们的第一声喝彩

蔬菜沙拉

烹饪时间 15 分钟

难易程度 简单

主料

鹌鹑蛋	6 个
紫甘蓝	50g
生菜	100g

辅料

红椒丝	20g
黄椒丝	20g
圣女果	10 个

调料

油醋汁	2 大匙
罗勒碎	少许

特色

节日的宴会，它总是第一个被端上餐桌，为这场欢乐的家宴打头阵。美味可口、新鲜诱人的蔬菜沙拉，制作起来非常简单，清新脆爽的口感也是无人能敌的。

做法

1. 紫甘蓝、生菜洗净后沥干水分，掰成小块。鹌鹑蛋煮熟后去壳，对半切开，圣女果洗净，对半切开，备用。
2. 将彩椒丝、紫甘蓝、生菜、鹌鹑蛋、圣女果放入大碗中，淋入油醋汁搅拌均匀，再撒入适量罗勒碎即可。

温馨提示

油醋汁的制法很简单：将橄榄油与少许白醋或适量柠檬汁搅匀，加入法式芥辣酱继续搅拌，再加入盐、白胡椒粉调味即可。蔬菜沙拉的形式多变，如果有偏好不同酱汁的来宾，可以选择不将蔬菜沙拉与酱汁搅拌，在旁边摆好几种不同口味的沙拉酱汁，更能体现你的体贴与细心。

美在罗勒掩映下

扇贝沙拉

烹饪时间 15 分钟

难易程度 简单

主料

扇贝	4 只
罗勒叶	少许

调料

黑胡椒粉	适量
料酒	1 大匙
果醋	1 大匙
橄榄油	3 大匙
盐	适量

洗好的扇贝一定要擦干水分。煎扇贝时要保持大火，火小的话扇贝会很容易出水。

根据个头大小，扇贝的煎制时间控制在 1 分钟以内，不用煎至全熟，因为出锅后扇贝自身的温度还会持续，只要煎到软软的程度出锅即可。

特色

用海鲜做沙拉，听起来就让人觉得很清新。煎熟的扇贝，将每一丝鲜美都锁定在了它的肌理当中，配合鲜绿的罗勒叶，从视觉和味觉上带给你满足感。

做法

1. 用小刀将扇贝肉取出，丢掉黑色脏物，并用流动水冲洗干净。用厨房纸巾吸干扇贝肉的水分，用料酒和黑胡椒粉腌制 10 分钟。
2. 煎锅中倒入油，待油六成热时，保持大火将扇贝两面煎熟。
3. 将果醋、橄榄油、盐和黑胡椒粉混合，淋在罗勒叶子上拌匀。
4. 将拌好的叶子装盘，放上煎好的扇贝即可。

地中海风情装之

地中海沙拉

烹饪时间 30 分钟

难易程度 简单

特色

沙拉应该是最早出现在中国人餐桌上的西餐了，但是一直在不断地花样翻新。看似是各种果蔬的会聚，其实是搭配方式不同、酱汁风格的迥异，造就了不同的地域风情。这款沙拉洋溢着新鲜而热情的地中海风情，酸甜爽口，给了我们全新的味觉体验。

主料

金枪鱼罐头	1/2 罐
鸡蛋	1 个
胡萝卜	50g
紫甘蓝	50g
圆白菜	50g

辅料

圣女果	3 个
洋葱	20g

酱汁调料

芥末酱	1 小匙
苹果醋	2 小匙
黑胡椒粉	1/2 小匙
盐	2g
橄榄油	2 大匙

做法

1. 芥末酱、黑胡椒粉、橄榄油、苹果醋、盐搅拌均匀，调成沙拉酱汁，备用。

2. 将鸡蛋煮熟去壳，纵向切成 6 瓣。洋葱洗净，切粒。

3. 圣女果洗净对半切开，紫甘蓝、圆白菜洗净切丝，胡萝卜去皮洗净切条，圆白菜放入沸水中焯熟。

4. 将鸡蛋、圣女果、紫甘蓝、圆白菜、胡萝卜、金枪鱼、洋葱粒盛入碗中，浇入酱汁即可食用。

温馨提示

熟透后的鸡蛋用刀切很容易切碎，可以拿来一根干净的细面线，拽住细绳的两头，然后用线的力度将鸡蛋勒开。这样切开的鸡蛋会非常完整。当然，鸡蛋冷了也相对好切一些！

酱汁的魔术

芥末酱蛋

烹饪时间 20分钟

难易程度 简单

特色

在法餐中，许多菜的特色亮点在酱汁之上。像这道芥末酱蛋，调味酱汁赋予了土豆和鸡蛋这两样看似普通的食材超凡而新颖的味道。浓郁的香气中，除了温润的感觉，当然也少不了芥末酱的几分“挑逗”。

主料

土豆	3个
鸡蛋	2个

辅料

樱桃萝卜	20g
水田芥	20g

调料

柠檬汁	1小匙
糖	1g
黑胡椒碎	适量
盐	适量

酱汁调料

法式芥末酱	1大匙
奶酪	1大匙
蛋黄酱	60g

做法

1. 土豆去皮后切成小块，放入水中煮15分钟左右至熟，捞出沥水。水田芥洗净，焯熟切末。将鸡蛋煮熟，剥壳后对半切开。

2. 将法式芥末酱、巴马臣奶酪、蛋黄酱混合均匀，调成酱汁。

3. 将土豆块、鸡蛋摆在盘中。将樱桃萝卜洗净剁碎，与水田芥末撒入盘中，加入适量盐、柠檬汁、糖、黑胡椒碎调味，搅拌均匀，装盘，淋上调好的酱汁即可食用。

温馨提示

如果买不到水田芥，可以选用豆苗来代替。

在煮土豆时，用叉子插入土豆感觉很容易插透，就表示土豆已经煮好了。

酸不酸？烤了才知道

酿烤茄子

烹饪时间 30分钟

难易程度 中级

特色

可能是中餐接触得多了的缘故，在我们的观念里，茄子总是和红烧关联在一起。这次，在西餐的舞台上，茄子不仅有了新的装扮，也有了新的舞伴。就像一位走在人群中的漂亮姑娘，天生丽质，永远是人们眼前的亮点。

主料

长茄子	2 个
番茄	1 个
青、红椒	各 1 个
洋葱	1/2 个

辅料

蒜蓉	15 g
薄荷叶	2 片

酱汁调料

发达芝士	20 g
胡椒粉	少许
盐	适量
橄榄油	少许

做法

1. 将茄子洗净后切成薄片。将洋葱、青红椒、番茄分别切成小丁。

2. 锅中倒入适量油，烧至七成热时放入洋葱丁，炒至颜色变黄，再放入青红椒丁、番茄丁、蒜蓉、薄荷叶炒熟，加盐和黑胡椒粉，盛入碗中。

3. 将切成薄片的茄子用蒸锅蒸 6 分钟至变软，放凉后卷成一圈，用牙签固定住，四周涂上油，放在烤盘上。将各种炒好的蔬菜填入卷好的茄子中。

4. 烤箱 180℃预热 5 分钟，放入卷好的茄子，烤 10 分钟，最后撒上适量发达芝士即可摆盘食用。

温馨提示

长茄子和圆茄子在口感上差异不是很大，主要区别在于长茄子的皮很软，圆茄子的皮很硬不适于食用。而茄子的营养成分主要藏身于茄子皮中，所以在食用长茄子时一定要把茄子皮留住。

法餐名角

焗蜗牛

烹饪时间 10 分钟（不含腌制时间）

难易程度 简单

特色

说起法国菜，基本上每个人心里都有那么几道代表菜，如鹅肝酱、松茸，当然还有现在出场的焗蜗牛。其实，这焗蜗牛也没什么特别，只不过是嫩滑中带着点迷人的韧劲，且将黄油与奶酪的香味发挥到极致，更兼得了点先声夺人的蒜香——仅此而已，就已经足够把一干人等紧紧地绑在餐桌前了。

主料

罐装法式蜗牛	12 个

辅料

蒜蓉	1 小匙
黄油	50g
奶油	1 小匙
马苏里拉奶酪	100g
巴玛臣奶酪粉	少许

调料

甜酒	1 小匙
黑胡椒粉	1/2 小匙
法香碎	少许
橄榄油	少许

做法

1. 将黄油放入锅中，小火加热化开，倒入碗中放凉，放入法香碎、黑胡椒粉、橄榄油、奶油搅拌均匀，制成酱汁，备用。

2. 将蜗牛肉洗净后放入酱汁中拌匀，再加入甜酒、蒜蓉腌制约 1 个小时。

3. 将腌好的蜗牛放入螺盘（或焗烤碗）中，奶酪撕成小块后撒在蜗牛上，放入预热好的烤箱中，以 180℃焗 10 分钟，待奶酪化开，取出后趁热撒上奶酪粉即可。

温馨提示

如果家中没有专门用来盛装蜗牛的螺盘，也可以用耐高温的小碟子代替。碟子中最好带有一个一个的凹槽。

奶酪千万不要烤焦，只要化开上色就好。一定要趁热吃，这样奶酪味道才会更加香浓、柔嫩。

法国的勃艮第蜗牛最为上品。据说这种蜗牛是吃葡萄叶长大的，肉质软绵且有点甜味。品尝蜗牛是有季节性的，在蜗牛准备过冬时，肉质最好。

醉倒味蕾

红酒炖牛肉

烹饪时间 50分钟（不含腌制时间）

难易程度 中级

特色

在中餐里，牛肉最常见的搭档可能是和它块头相仿的土豆等，但在西餐中，它更宜与红酒搭配。柔美的红酒与牛肉的阳刚之气恰好相得益彰。口感细腻的牛肉，在口中慢慢化开一股浓香，更将渗透其中的醉人之味散发出来，让你欲罢不能。

主料

牛肉	300g
洋葱	1/2 个
胡萝卜	1 根

辅料

月桂叶	1 片
百里香碎	1 小匙

调料

干红葡萄酒	200mL
高汤	适量
黑胡椒粉	1/2 小匙
盐	1/2 小匙
油	适量

做法

1. 将牛肉洗净，切成适口小块，加入黑胡椒粉、盐搅拌腌制 30 分钟。洋葱、胡萝卜洗净去皮，切成和牛肉大小相同的块，备用。

2. 锅中倒入少许油烧热，加入洋葱炒出香味，再倒入腌制好的牛肉翻炒，待牛肉变色后倒入红酒翻炒出香味，加入高汤，放入胡萝卜块、月桂叶、百里香碎，盖上盖子，中小火炖制 40 分钟左右。

3. 把汁煮稠，加入盐、黑胡椒调味即可。

温馨提示

用鸡腿肉、鸭腿肉、牛尾等材料来做，也是同样的美味。

这道菜不但可以配土豆泥吃，用它来配米饭，或是浇在意大利面上味道也都是一级棒！

有一腿 or 露一手

德式猪脚

烹饪时间 50 分钟（不含腌制时间）

难易程度 中级

特色

叫猪手也好，称猪脚也罢，这东西的口感与美味到了哪儿都会被充分地挖掘出来，中餐有焖猪蹄，西餐有德式猪脚。烘焙之后产生的香糯，加上高汤的浸润，以最诱人的方式呈现在每个人的面前。为了配合其润滑的口感，还有专门准备的风味独特的完美搭档——德国酸白菜。

主料

猪脚	1个

辅料

洋葱	200g
胡萝卜	100g
德国酸白菜	适量

酱汁调料

红酒	1大匙
番茄酱	1大匙
芥末酱	1大匙
黄油	适量
高汤	适量
胡椒粉	1小匙
盐	3g
橄榄油	适量

做法

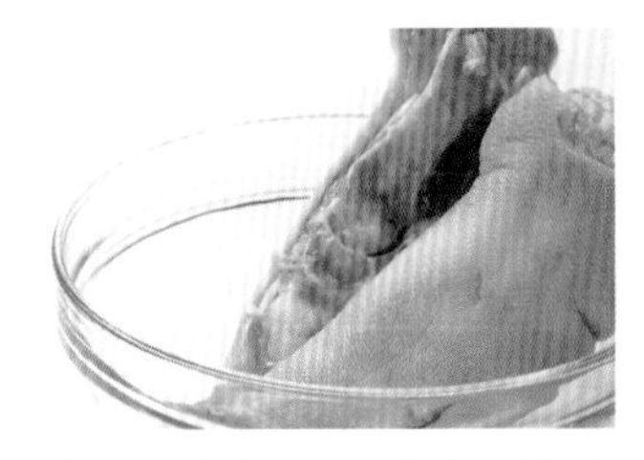

1. 猪脚对半切开后洗净，抹盐腌制，冷藏一晚后取出，洗净控水。

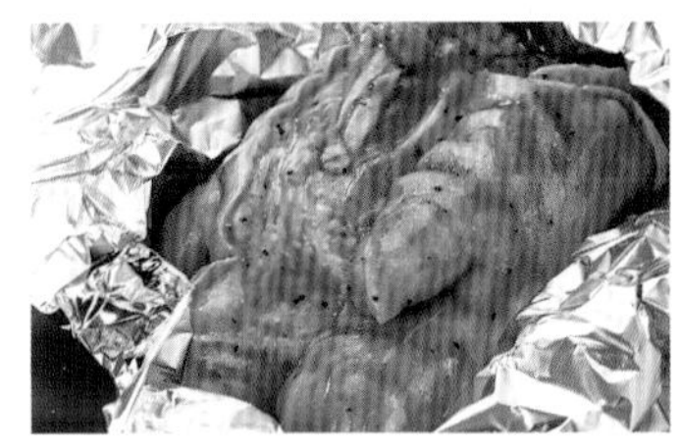

2. 洋葱切末、胡萝卜切成小块；猪脚加入番茄酱、红酒、盐、胡椒粉、橄榄油混合拌匀，包入锡箔纸中，放入预热后的烤箱，以200℃烤制30分钟。

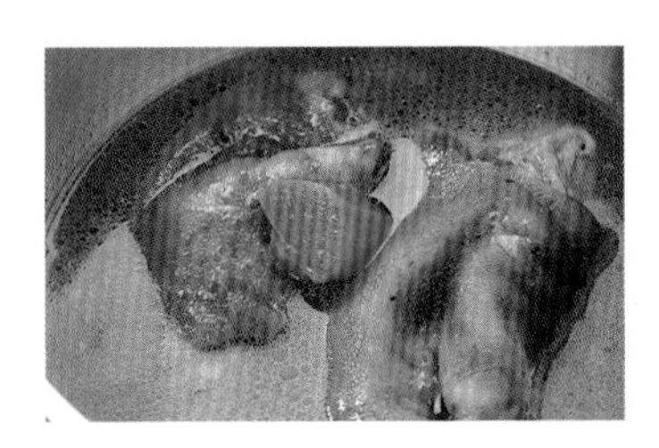

3. 锅中放黄油加热，化开后加洋葱末炒香。将烤好的猪脚连胡萝卜一起倒入锅中翻炒，加入高汤炖煮至猪脚酥而不烂，取出。

4. 将猪脚装盘，淋上芥末酱，配上德国酸白菜一起食用即可。

温馨提示

在做德式猪脚时，最好选用猪前蹄。猪前蹄吃起来肉多，骨头小，口感非常好。

德国酸白菜（Sauerkraut）做法：将圆白菜、紫甘蓝、胡萝卜、苹果切丝，然后将香叶、干辣椒、茴香、盐和圆白菜、紫甘蓝拌匀，在缸中码好压实，在36℃左右的温度下发酵后冷藏。

自家制

瑞典肉丸

烹饪时间 35分钟

难易程度 中级

特色

瑞典的饮食风格颇有欧式风范，通常喜欢通过简单的调味将食材的本味与优势最大化地体现出来。这道瑞典肉丸就是简约风格的体现。或许烹饪上并无亮点，但是酸甜之中包裹着的浓香味道，是很长时间都不会吃腻的。

主料

牛肉馅	200g
猪肉馅	200g

辅料

洋葱粒	适量
面包屑	120g
鸡蛋	2个
炸薯条	适量

调料

肉豆蔻粉	1小匙
番茄沙司	适量
姜粉	1大匙
黑胡椒粉	1大匙
盐	适量
橄榄油	适量

做法

1. 将牛肉馅、猪肉馅放入容器内，加入适量清水，按顺时针搅拌均匀，加入面包屑、鸡蛋液、洋葱粒、盐、黑胡椒粉、肉豆蔻粉、姜粉继续搅拌，然后搓成大小一致的丸子。

2. 锅中倒入适量油，烧至四成热时放入丸子，炸定形后捞出沥油。将丸子放入烤盘里，放入已经预热的烤箱中，以160℃烤12分钟。

3. 取一个圆盘，放入烤好的肉丸，配上薯条，舀入适量番茄沙司即可。

温馨提示

在牛肉馅、猪肉馅搅拌的过程中，一定要一点点地向肉馅中加入清水，边加边不停搅拌，直至清水完全渗入肉馅之中，反复3次，这样搅出的肉馅嫩滑可口。

永远割舍不下的

黑椒煎牛排

烹饪时间 30分钟（不含腌制时间）

难易程度 中级

主料

牛排	1块

辅料

洋葱末	适量
土豆	半个
小西红柿	4个
西兰花	适量

调料

红葡萄酒	1大匙
黑胡椒粉	1小匙
盐	适量
橄榄油	适量

特色

牛排曾一度成为了西餐的代名词，也是它第一次让我们见识到了西餐是如何对待每一种食材的。黑胡椒绝对是这道菜中功不可没的先锋。曾几何时，它有着高贵的身价，并且和牛排结下了不解之缘。盐赋予牛肉更鲜美的味道，黑胡椒为牛排“浓妆艳抹”一番，而牛肉本身的软嫩鲜香，则是在你舌尖上留到最后的一丝回味。

做法

1. 牛排洗净，加入盐、黑胡椒粉腌制30分钟，备用。
2. 土豆、小西红柿、西兰花洗净，切成小块，加入少许盐、洋葱末、少许红葡萄酒、橄榄油搅拌均匀，入烤箱以180℃烤制15分钟，装盘做成配菜。
3. 平底煎锅内放少许橄榄油，油热后放入牛排，煎至自己喜爱的生熟度，置放于盘内即可。

温馨提示

如何知道牛排几分熟？有个简单的方法：用你的左手的大拇指分别按压其余四根手指，同时用你的右手去按压左手大拇指指根部分的肌肉。食指、中指、无名指和小拇指分别表示三分熟、五分熟、八分熟、全熟。然后你按牛排的感觉与哪一个相似，说明牛排就是几分熟。

如果你很“懒”，可以在烤制蔬菜时候放入腌制好的牛排，一定记住根据自己需要的生熟，拿出烤好的牛排。

主料

三文鱼　200g

辅料

橙汁　20mL

调料

百里香碎　1/2 小匙
芥末酱　1/2 小匙
盐　适量
白胡椒粉　1/2 小匙
奶油　2 大匙
蜂蜜　2 小匙

风情万种的芥末酱

法式芥末酱三文鱼

烹饪时间 10 分钟
难易程度 简单

温馨提示

用蜂蜜、橙汁、奶油调制出来的法式芥末酱的口味，与我们平常在寿司店所吃到的直冲脑门的清新辣味不同。法式芥末酱在调制时放入了蜂蜜、果汁等，在丝丝辣意中带着自然的酸甜味。因为制作手法的不同，法式芥末酱一般分为膏状与粗末状，不仅可以调入沙拉中，在吃牛排、烤肉等肉类时，也是上好的搭配。

特色

三文鱼和芥末本来就是绝配，而法式芥末酱更是给肉质肥腴的三文鱼增添了万千风情，让唇舌体验法式芥末酱带来的微酸口味。一片片三文鱼吃起来总是觉得没够，心底有个小小的声音在说：吃吧吃吧，如此好味的低热量食物，多吃几口也无妨！

做法

1. 三文鱼用凉白开洗净，去皮后切成厚片。
2. 将芥末酱、百里香碎、盐、白胡椒粉、奶油、蜂蜜、橙汁混合成酱汁。用三文鱼蘸食酱汁即可。

有了三杯，一切 OK

三杯酱澳带

烹饪时间 15 分钟
难易程度 简单

特色

三杯酱汁就像你走到哪里都愿意带着的超级装备，许多海鲜食材在其调味之后都变得非常好吃。鲜软弹牙的带子泛着些许奶油光泽，淋上酱汁后，滋味和颜色巧妙地结合在一起，完美的餐桌效应就此而生。

主料

澳带	350g

辅料

姜片	4 片
干辣椒	若干
葱段	3 段
大蒜	6 瓣

调料

生粉	1 大匙
面粉	1 大匙
高汤	4 大匙
三杯酱汁	2 小匙
油	适量

做法

1. 带子洗净沥干。将生粉、面粉混合，放入带子，均匀裹上粉。大蒜切片，备用。

2. 锅中倒入适量油，烧至七成热时放入带子，炸至表面金黄时捞出；待油温再次升高后，快速放入带子，炸 5 秒后捞出。

3. 锅中留底油，锅烧热后放入姜片爆香，随后放入干辣椒、葱段、大蒜片翻炒，最后倒入三杯酱汁、高汤、带子，以大火炒匀收汁即可。

温馨提示

澳带，即澳大利亚带子的简称，一般在海鲜市场均可找到新鲜的澳带。

除了做成浓香的三杯酱口味外，澳带还可以做成川蜀泡椒口味、疯狂烧烤口味、日式照烧口味……心有所想即可行动，做一个多变的口味达人吧。

九层塔，十里香

九层塔椒丝煮青口

烹饪时间 10分钟

难易程度 简单

特色

九层塔（罗勒）释放出的那种令人陶醉、使人喉头涌出无法抑制食欲的香气，给肉质肥嫩的青口增添了无限的豪爽气息，辣得够劲、香得过瘾，就连汤汁都舍不得放下，非要浇在面条上拌匀，一次把它们都吃光才罢休。

做法

1. 将青口洗净，沥干水分。大蒜洗净，切成蒜蓉。红辣椒切小段，备用。

2. 锅中倒入适量黄油，烧至七成热时，放入蒜蓉炒香，加入青口、料酒、盐、高汤煮 1~2 分钟。

3. 最后加入红辣椒圈、九层塔碎，继续煮 1 分钟即可食用。

主料

青口	400g

辅料

九层塔（罗勒）碎	2g
大蒜	5 瓣
红辣椒	若干

调料

料酒	1 大匙
黄油（室温下软化）	1 大匙
盐	1/2 小匙
高汤	适量

温馨提示

青口买回家后一定要将外壳的泥沙冲洗干净，然后开边，把青口内部的肉质冲洗干净之后再进行烹制，否则很容易咬到一嘴的沙。

由于质地细嫩，海鲜类食材烹制的时间不宜过长，否则鲜味流失、肉质变老，体积也会缩小，实在扫兴；但如果时间不够的话又不太容易入味。因此，在烹制海鲜类食材的时候，可以适当增加酱汁调料的用量，让海鲜吃起来更好味道。

土豆不土

蒜味奶油烤马铃薯

烹饪时间 25分钟

难易程度 简单

特色

马铃薯又名土豆。在中餐里，土豆很少能获得如此这般的礼遇，大多数时间里它只是个陪衬。在这道烤制的美味中，土豆这个不起眼的家伙竟然显示出了独到而诱人的滋味，被如此簇拥着，它的香味也多了许多层次，咬一口，圆润丰满。

主料

小土豆	200g

辅料

洋葱	50g
大蒜	20g
菠萝	50g

调料

鲜奶油	1 大匙
苹果醋	1 大匙
白兰地酒	1 大匙
黑胡椒碎	少许
鲜迷迭香	10g
盐	适量
橄榄油	适量

做法

1. 小土豆洗净，去皮后切成小块，和剥好的大蒜粒放入烤盘中，撒入适量橄榄油、盐、黑胡椒碎拌匀，盖上一层锡箔纸，放入烤箱中，以 150℃烤约 20 分钟至熟。

2. 洋葱洗净，去皮切小块。菠萝洗净，切小块。将烤好的土豆块与洋葱块、菠萝块混合均匀。

3. 将鲜奶油、苹果醋、鲜迷迭香、白兰地混合，撒入烤盘中，与土豆块、洋葱块、菠萝块混合均匀，放入已预热的烤箱中，以 150℃烤约 3 分钟至熟即可。

温馨提示

在土豆第一次放入烤箱时，也可以在其表面均匀刷上一层蛋液，这样烤出的土豆外焦里嫩，颜色金黄，非常诱人。

最鲜滑的口感

生吃三文鱼

烹饪时间 25分钟

难易程度 简单

主料

三文鱼	200g

辅料

香芹	10g

调料

酱油	1小匙
芥末	少许
蚝油	1小匙
苹果醋	1小匙
糖	1小匙
橄榄油	少许

特色

最新鲜的三文鱼，切成薄片或者小丁，根据自己喜好口味调配酱汁，口感软滑鲜嫩，香糯可口。

做法

1. 新鲜三文鱼洗净，切成小丁。香芹取最顶端，最嫩的部分洗净，切小段。
2. 把酱油、芥末、苹果醋、蚝油、糖混合成酱汁，备用。
3. 取一个小碗，碗底抹少许橄榄油，放入切好的三文鱼压实，然后倒扣一盘中，放上香芹段点缀，淋少许酱汁即可食用。

温馨提示

如果没有苹果醋的话，可以用白醋替代。酱油最好选用专门吃生鱼片的酱油，味道最好。

—— 主料 ——

白菜	2棵

—— 辅料 ——

萝卜	半个
洋葱	半个
胡萝卜	半个
韭菜	10g
小葱	5棵
蒜	8瓣
姜	10g

—— 调料 ——

鱼露	100ml
粗盐	2大匙
白糖	3大匙
糯米糊	100ml
盐	少许
辣椒面	300g
水	500ml

温馨提示

腌渍泡菜的时候，从头到尾不能沾一点油。

腌制时，也可以放些苹果片、梨片、蛤蜊肉、虾皮等，用来增加发酵后的不同味道。

家喻户晓即经典

白菜泡菜

准备时间 20分钟

腌制时间 24小时

难易程度 中级

—— 做法 ——

1. 把白菜洗净切好，并在每片白菜帮上撒上粗盐，然后倒入8大杯水，之后腌制6~8个小时左右。(注意：在腌制期间至少要翻3次以上才可以)
2. 将腌好的白菜用清水冲洗，沥干（不可把白菜的咸味一点不剩地去掉）。萝卜、胡萝卜、小葱切成细丝；韭菜切成7cm左右的段，备用。
3. 将洋葱、蒜、姜用榨汁机分别打成泥，加入鱼露、白糖、盐、辣椒面、糯米糊、萝卜丝、胡萝卜丝、葱丝、韭菜段搅拌成涂抹调料，往辣白菜中一片一片地均匀涂抹。待全部涂好后放入冰箱中，冷却腌制一段时间即可食用。

热辣美学

牛肉石锅拌饭

烹饪时间 30分钟

难易程度 中级

特色

饭是热的，菜是热的，石锅也是热的，这一锅五彩缤纷的食材凑到一起，看着就让人食欲大增。牛肉借着石锅的热量，更是恰到好处地保留了牛肉的鲜嫩，将一种雅致而又热辣的韩式美学完美地体现了出来。

做法

1. 将胡萝卜、鲜香菇洗净切丝，与金针菇一起放入沸水中焯一下，捞出过凉水，沥干，调入盐、香油，码味备用。心里美萝卜及黄瓜切丝，备用。

2. 优质牛里脊肉洗净，切细丝，分A、B两份：A份放牛肉粉、酱油、胡椒粉拌匀，腌制15分钟后入热油锅内炒熟。B份用白醋拌匀后浸入冷开水，将白醋与血水漂洗干净，沥干水分后放入容器中，加入韩式辣酱、香油、蒜泥、鸡精、盐、白糖、小葱末拌匀，做成生拌牛肉丝，备用。

3. 石锅内壁用少许香油抹匀，放入熟米饭，把各种菜丝和炒熟的牛肉丝及拌桔梗均匀地码在饭上，将生拌牛肉丝放在中间，再把鸡蛋打在生拌牛肉上，撒少许白芝麻。

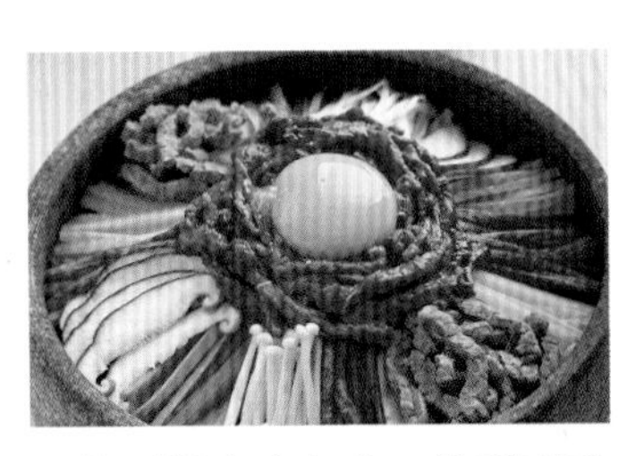

4. 将石锅小火加热，待听到香油和米饭发出滋滋的声音，鸡蛋清呈白色时便可关火，调入韩式辣酱，拌匀即可。(如果想吃带锅巴的饭，加热时间稍延长即可)

主料

熟米饭	250g
牛里脊肉	100g

辅料

鸡蛋	1个
心里美萝卜	50g
鲜香菇	25g
黄瓜	50g
胡萝卜	50g
金针菇	25g
拌桔梗	50g
熟白芝麻	2g

酱汁调料

调料	用量
韩式辣酱	1大匙
酱油	1/2小匙
白糖	1/2小匙
香油	1小匙
盐	适量
鸡精	少许
牛肉粉	1小匙
胡椒粉	适量
蒜泥	适量
小葱末	适量

温馨提示

蒸制米饭的时候，如果把传统的清水换成肉汤，拌出的饭更香。

汤才是亮点

明洞手擀面

烹饪时间 20分钟

难易程度 简单

特色

明洞，韩国首尔市的一条很繁华的商业街，除了购物，那里还是品尝韩国饮食的好地方。这一碗面端上桌，每个人可能都会被其悦目的色彩和多样的食材搭配所打动，但其实这碗面的真正亮点在于鲜美的底汤。筋道的手工擀面吸收了浓汤的全部精华，热乎乎地摆在你的面前。对这份触手可及的美味，每个人的心中都会抑制不住地激动起来。

主料

手擀面	150g
高汤	500mL

辅料

鲜香菇	1朵
鸡蛋	1个
火腿	50g
紫菜	少许

调料

盐	适量
香油	1小匙

做法

1. 鲜香菇洗净，切十字花刀。紫菜撕成小块，火腿切成适口小片。鸡蛋打散，用平底锅摊成蛋饼，切丝备用。

2. 锅中放高汤，待汤开后放入手擀面，用筷子挑开防止粘连。面条煮开后放入香菇、紫菜及火腿片，再次开锅后转小火，当面条煮至没有白心即可关火，依个人口味放入盐调味。

3. 将面条盛入大碗里，放上准备好的鸡蛋饼丝，淋上少许香油即大功告成。

温馨提示

高汤需要提前准备，可选用骨头汤或者鸡汤。

摊鸡蛋饼的时候要少放油，倒入蛋液后可以摇一下锅，让蛋液散开，这样摊出的鸡蛋饼也会比较薄。

酸甜永远风情万种

拌冷面

烹饪时间 10 分钟（不包括牛肉汤制作时间）

难易程度 中级

特色

冷面，这两个字如果在夏天提及，会有望梅止渴的功效。想起它的这份清凉、爽快，还有那迷倒众生的酸甜，相信每个人都会迫不及待地让一碗冷面马上出现在眼前。

做法

1. 将酱牛肉切成薄片；黄瓜切丝；梨切片；熟鸡蛋去壳，切成两半，备用。
2. 锅中放水，煮沸后放入冷面面条，不停搅拌，煮1分钟左右捞出，放入一个大的容器中，一边用流动凉水冲洗，一边用筷子搅拌，直到面条的滑腻感消失，捞出控水，放入碗中。
3. 面条上码放梨片、黄瓜丝、鸡蛋、泡菜及酱牛肉片，倒入适量的牛肉汤汁（根据季节冷藏或加热），挤上少许柠檬汁，根据个人口味添加白糖、韩式辣酱及熟芝麻搅拌即可。

主料

冷面	300g

辅料

酱牛肉	100g
熟鸡蛋	1个
黄瓜	半根
梨	半个
泡菜	25g
牛肉汤汁	约500mL
熟白芝麻	适量

调料

韩式辣酱	2大匙
白糖	适量
柠檬	半个

牛肉汤汁做法

特色

整份冷面味道的好坏，很重要的一环是搭配冷面的牛肉汤。除了精心、反复地过滤掉牛肉汤汁上面的油脂，让其口味更浓淡相宜外，牛肉汤本身也可以作为解油腻的单独佐餐饮料。

做法

1. 牛腱肉、鸡骨架用水煮沸，捞起洗净。洋葱、苹果分别洗净，切片。
2. 锅中放入3000mL清水，放入余好的牛腱肉和鸡骨架、蒜片、姜片、葱段、洋葱片、苹果片、黑胡椒粒，加入适量酱油、料酒、白醋，煮沸，转小火熬煮约2小时。（随时将释出的杂质捞起去除）
3. 将熬好的肉汤取出肉并过滤，加入适量盐，待凉后放入冰箱冷藏一段时间，将上面冷凝的油脂去掉即可。

主料

牛腱肉	250g
鸡骨架	1个

辅料

蒜片	15g
姜片	5g
葱段	15g
洋葱	半个
黑胡椒粒	2g
苹果	1个

调料

酱油	3小匙
料酒	1小匙
白醋	适量
盐	适量

“黏”你没商量

拉面炒年糕

烹饪时间 30 分钟

难易程度 中级

特色

正宗的韩式炒年糕，在做法上却不是传统意义上的油炒，而是加水煮开后用小火慢慢煨，让年糕充分吸收浓汤中的所有精华，再搭配口感筋道的拉面以及令唇舌激动的辣酱，绝对让你吃得满面红光。

主料

拉面	1袋
年糕	200g
鱼糕	100g
鸡蛋	1个

辅料

麦芽糖	1大匙
白糖	1大匙
芝士粉	适量
洋葱	适量
香葱	适量
蒜	3瓣
熟白芝麻	适量

酱汁调料

韩式辣酱	2大匙
拉面调料	适量

做法

1. 鸡蛋煮熟后剥皮，切成两半；将年糕、鱼糕、洋葱切成适口小块，香葱切成小段，蒜切成蒜末。

2. 将拉面煮熟，放入凉水中过一下，控干水分。

3. 锅中放入适量的水，快烧开时加入韩式辣酱和麦芽糖搅拌均匀；水沸后放入准备好的年糕、鱼糕，煮到年糕变软，放入洋葱块、蒜末、白糖、拉面调料，改小火翻炒入味，最后放入煮好的拉面，再略微翻炒到汤汁浓稠即可关火。

4. 盛入碗中后放上鸡蛋，撒入熟白芝麻、香葱段、芝士粉即可。

温馨提示

鱼糕也可以用鱼豆腐或者鱼丸代替。

韩式辣椒酱一般有两种，略带点甜味的辣酱和原味纯辣酱。前者在炒制的时候就不需要再加糖，如果用的是原味的韩式辣椒酱就可以酌情添加，毕竟甜甜辣辣的口感才是正宗的韩国味道。

烤干点更美味

韩式烤五花肉

烹饪时间 20分钟（不含腌制时间）

难易程度 简单

特色

只要配齐了韩式特色的腌肉料，耐心地腌渍上 1~2 个小时，支上煎锅，自己也可以在家烤得很好吃！肥瘦适中的五花肉，被煎烤得香气四溢，尤其是在烤得有点干之后，那种焦香的感觉，伴着辣酱和蔬菜的味道一起送进口中，让你吃到肚饱。

主料

五花肉	500g

辅料

熟米饭	适量

调料

大酱	1 大匙
韩式辣椒酱	1 大匙
蜂蜜	1 大匙
葱段	半颗
蒜片	适量
盐	适量
胡椒粉	适量
酱油	1 大匙
油	适量

做法

1. 把腌肉料中的所有调料调在一起，做成腌肉酱。

2. 将五花肉切成片，放入所有酱料中腌制 2 个小时，备用。

3. 烤箱预热到 200℃。将烤肉放入烤盘中，入烤箱烤 18 分钟左右至熟即可。

温馨提示

牛肉、羊肉、海鲜类等，都可以用韩国腌肉料腌渍后烧烤。海鲜用腌料拌一下即可。

韩国一般用烤盘煎肉，用烤箱更为省心。

烤五花肉可以用生菜裹着米饭和肉一起吃，非常美味。

主料

猪臀肉	500g

辅料

洋葱	1个
辣白菜泡菜	20g
小青辣椒	1个
小红辣椒	1个
蒜	3瓣
大葱	半颗

调料

大酱	适量
韩国辣酱	适量
胡椒粒	少许
咖啡粉	少许

特色

白菜和猪肉是最常见不过的食材了，但是这两个看似平常的角色，却能在一起迸发出传神的美妙味道。肥瘦相间的猪肉，体现出了真本色的香味，腻口的肥油已被熬尽，只留下猪肉那举世无双的香味，配合酸辣提味的辣白菜以及多种蔬菜丝，可称天衣无缝的搭配。

做法

1. 将蒜切成蒜片，葱切成葱段，小青辣椒和小红辣椒切成小段，洋葱和辣白菜泡菜切成适口小块，备用。
2. 将煮锅中倒入凉水，再将大酱、韩国辣酱放入水中搅拌均匀，之后放入咖啡粉、洋葱、葱段、胡椒粒、洗净的整块猪臀肉，开火，水煮开后将表面的沫撇净，转小火熬制。
3. 熬至约40分钟后关火，将猪臀肉捞出，自然放凉，切成0.5cm厚的薄片。
4. 将辣白菜泡菜，小青红辣椒段，蒜片和猪肉片一起摆盘即可。

温馨提示

猪臀肉煮到用筷子能轻易扎透即可。

韩式包肉的吃法：将一大片菜叶摊平在手心上，将肉片、小菜和蘸酱裹一起吃。这是韩国特色饮食习惯中的独特吃法，叫做包食。除了生菜叶、白菜叶外，海苔、海带、芝麻叶、地瓜叶、紫苏叶等都可用来包着吃。

第六章 无敌家宴

学会做这么多菜之后，就想请人家到家里来吃饭了。
除了制作菜品本身，准备家宴还有一些特别的技能，
掌握了这些技能，会让你成为最受欢迎的人。

家宴先行时

家宴计划早筹划

为客人们准备一场温馨的家宴，你会感到乐在其中，但往往也会被繁杂的准备工作弄得毫无头绪。那么请先拿出纸和笔，坐下来慢慢将家宴的前期准备工作一一记录在案。有了一纸详尽的计划书，并掌握好置办家宴的简单技巧，你将发现原来一切都是如此得心应手。

确定主题

确定宴会的主题是家宴准备工作的第一项，只要确定了主题，宴会的风格也就随之明确起来。一方面，你可以根据家宴举行的目的来确定一个主题，例如，为了庆祝生日、晋升、毕业、乔迁等而举办的家宴。另一方面，也可以根据家宴的形式来确定主题，如下午茶、自助形式的家宴、周末晚餐酒会等。

精心预算

自家筹办一个小型宴会其实也会有一笔不小的花销，因为你要做的不只是“伺候吃”，还要让宾客真正地享受到快乐。所以，应该提前为家宴的所有支出做一个预算，做到心中有数。家宴的支出根据不同的宴会要求和举办的形式会有所差异，预算不仅要包括家宴上制作食品、饮料所需要购买的材料的费用，还应该包括为宴会添置装饰物品的费用。另外，在不同的季节，食材的价格也会有所差异。

菜品设计

菜单应根据客人的喜好来制订。家宴上的菜品应该荤素搭配、冷热俱全。另外，主人亲手制作的精美甜品会在正餐后给客人们留下美好的回忆。家宴中除了你最拿手的那几道菜以外，再加上几道创新菜品，一定能为宴会增色不少。

在年轻人的聚会上，自由的气氛、鲜艳的色彩、独特的造型、较为新颖的食品会大受欢迎，比如周末晚餐酒会或自助餐形式的家宴，可以让大家轻松地一边交谈一边享用美食，这时候食品也适合以做成小份的方式呈现出来，既美观又便于食用；在招待年龄较大的客人时，质感较好的餐具配合传统中式菜品则更为妥当；而在相对正式的商务宴请中，西餐或西式简餐都是很不错的选择。

宴会音乐

音乐是心灵鸡汤，生活中谁也离不开音乐的陪伴。由于音乐可以体现整个宴会的主题并让宴会充满迷人的气氛，所以对于一场完美的家宴来说，音乐是至关重要的部分。

家宴的音乐要选择得切合主题，除了专门为孩子们举办的聚会外，可以选择那些没有歌词的乐曲，能让宴会充满轻松融洽的氛围。

在中国的传统佳节期间可以选择一些能营造出喜庆气氛的音乐；朋友之间的晚餐酒会可以选择一些流行音乐或轻松的爵士乐；年轻人的聚餐可以选择一些舞曲、钢琴曲，非洲音乐也是不错的选择；孩子们聚会时可以选择有歌词的童谣或者英文儿歌，组织孩子们随着音乐一起唱歌一定会让宝贝们欣喜不已。

选择音乐应根据客人的性格、年龄层，以及宴会举行时所处的季节等来综合考虑，可以提前充分地准备出要在家宴中播放的音乐 CD。另外，音乐播放的声音不宜过大，声音过大会分散大家的注意力。音量的大小以说话时双方都能听到对方声音为宜。

食品照明

为什么餐厅的菜品总会让人赏心悦目呢？没错，就是因为光线！精美的食物、完美的家宴都需要好的照明来衬托。

居家生活中我们都不会选择太过繁杂的灯饰，而在聚会中则可以改变以往的风格，偶尔出现的华丽效果会一下子让人眼前一亮。迷人的晚餐气氛完全可以依靠灯光营造出来，比如采用一些颜色大胆的灯，投射到不同的方向，就能产生意想不到的效果。

蜡烛是制造浪漫气氛的高手，在浪漫的酒会和特别需要情调的宴会中有着无可替代的地位。至于是采用多个小的蜡烛，还是直接用烛台照明，则要根据餐桌的大小和家宴的主题来决定。如果餐桌的空间不大，高脚的烛台会散发最到位的光；如果餐桌够大，小巧的蜡烛会营造出迷人的夜宴气氛。

家宴日程先定好

一场家宴对你而言或许是一个浩大的工程，但只要你能提前制订出一份详尽的时间安排表，那么所有的准备工作就能被安排得井井有条，绝对不会出现让人手忙脚乱的尴尬场景。看着日期一天天临近，看着一项又一项的工作条被打上了漂亮的对号，心情也仿佛即将在快乐的跑道上起飞了……

家宴前 1 周

○ 进行家宴的整体规划，制订预算。
○ 预先联系来宾，并确定来宾的人数。
○ 初步构想菜单和整个家宴的风格。

家宴前 5 天

○ 确定家宴当天的菜单。把需要购买的食品、饮料、鲜花等物品列到购物单上。准备布置餐桌所需要的装饰物。

家宴前 2 天

○ 购买干货、冷冻食品、半成品食物和饮料等不容易坏掉的东西。

家宴前 1 天

○ 购买需要保证新鲜度的蔬菜、海产品、肉类等。
○ 确定家宴餐桌的摆放位置，设计好整个餐桌的风格，具体进行布置。
○ 不要忘记为来宾们准备出放置手包、衣服等物品的空间。
○ 冷饮类的食品可以在宴会前一天晚上准备出来，做好后放入冰箱中保存。
○ 制作沙拉的蔬菜可以清洗干净后控干水分，先放入保鲜盒中，再放入冰箱内保存。
○ 一些炒菜时需要用到的调料可以提前一天调制好，以备家宴当天使用。
○ 多准备一些冰块，以便客人们在喝饮料的时候取用。

家宴当天

○ 先把需要长时间炖煮的菜做出来。
○ 布置举行家宴的房间。
○ 准备宴会饮料。
○ 如果家中有足够的空间，可以为客人们单独准备出一张放置饮料的桌子，以便大家自由地拿取。

家宴前几小时

○ 除了菜肴以外，可以把餐桌上所有的餐具、装饰物都布置好。
○ 安排好每位客人的就餐位置（可以在餐桌上放置写有客人姓名的精致名卡）。
○ 把需要新鲜食用的菜品做好。

家宴前 1 小时

○ 做好所有菜品以后把厨房收拾干净，把不需要用的餐具清洗干净，放回收纳柜，为大家营造一个干净的就餐环境。
○ 为自己换上漂亮的衣服。
○ 为先到的客人们提供饮料。

家宴转天

○ 和所有来宾联系，对他们的到来表示感谢。

温馨提示：在宴会前可复印此页，画“✓”安排日程。

家宴礼节全知道

中国是礼仪之邦，与人相处，礼为上、善为先，家宴上的礼节更是每个人都要注意的。无论你是家宴的主持者还是参与者，凡事都要"礼"字当先，从宴会之前，到宴会之时，再到宴会过后，都应有相应的礼节。其实，守礼节并不是一件麻烦的事，家人之间的温馨亲情、朋友之间的快乐欢愉，都是由礼节作为纽带来维系的。

遵守时间

准时参加宴会，如果遇到特殊的事情无法按时到达，一定要提前通知主人。参加宴会不要迟到，但也不应过早到达，过早到达可能会让主人手忙脚乱。最好是在宴会开始前 10~15 分钟到。

感谢的礼物

如果你被邀请参加宴会，别忘记为主人带去表达心意的小礼物，不需要多么贵重，充满心意的小礼物会让主人感到无比欣喜。

不要饮酒过量

无论是出于什么原因，在家宴上过度饮酒都会显得不雅，切记。

物品不要随意放置

个人的物品应该放在主人指定的地方——千万别不拿自己当外人，有的时候稍稍"见外"也是礼节。

尊重他人，不要以自我为中心

懂得安静地倾听别人的讲话，懂得保持幽默感，会让你成为最受欢迎的人。

尊重客人的习惯和宗教信仰

食品的选择要充分考虑到客人的习惯和宗教信仰，以免出现尴尬的状况。

公用餐具

对于家宴来说，席间夹菜最好还是采用公用餐具，既方便又卫生。

退席礼仪

如果用餐时你需要离开，和大家招呼一声是非常必要的。在场的男士应该起身表示礼貌，如果离开的是长辈或女士，男士还必须帮助推拉座椅。用餐完毕，应等长辈离开座位，其他人才能开始离开座位。

别具一格的餐桌风尚

餐桌上的每一个元素都是经典之选，每一个角落都有你的绝妙心思……这场盛宴除了美食之外，还有它们——别具一格的餐桌风尚元素。

质感杯具

如果家中没有成套的杯具，不用去特意购买，统一酒杯的材质就可以了，这样即使杯具的大小或形状不同也不会产生不和谐感。

七彩丝带

在普通的玻璃水杯上缠上各色漂亮的丝带——经过这样简单的装饰，普通的杯子顿时变得浪漫起来。最重要的是，这样更能让客人们安心使用，因为漂亮的丝带会让他们一眼就能找到自己使用的杯子。

贴心湿巾

到餐馆用餐时，常常会觉得湿巾用起来更舒适，为何不为客人们也准备一块湿巾，让大家感受到你的细心和体贴呢？

夏天可以把湿巾提前放入冰箱里，冬天使用之前可以用微波炉加热，相信所有人都会感到更加温馨。

层叠餐具

使用单个餐盘的时代已经过去了，多层重叠摆放的不同形状的餐盘不仅美观时尚，更便于客人们享用各式菜肴。

别致酒杯

在彩色的小酒杯中放上剪掉茎、叶的花朵，摆放在黑色的长形托盘中，餐桌便会呈现出更高的档次。

同色餐垫

如果家中的餐具不是成套的，可以用相同颜色的餐垫来统一餐桌，一样出彩哦！

浪漫鲜花

可用相同色系的鲜花和花瓣来统一餐桌的色调，也可在餐具旁放上同类花朵。鲜花能为餐桌增添勃勃生气，给聚会带来时尚自然的感觉。要注意的是，在选择的时候要挑选不掉花粉的花卉，香气也不要太浓烈。

篮子盛器

餐盘不够的时候可以用编制的小篮子来代替，用来盛放油炸的小吃、水果、面包等。

精致容器

小零食可以放在大小差不多，但设计风格、形状不同的小容器中，再把它们一起放入用天然材料编制成的大托盘中，这样既方便移动，又会产生不一样的视觉效果。

色调统筹

食品、餐具、桌布、摆设等的颜色需要整体规划，以便使餐具、菜品、餐桌三者的色彩和形状更加和谐。

中西结合

如果想要更新鲜的视觉效果，就不要墨守成规。将中式佳肴放入西式的餐盘中，也是一个不错的主意哦！

精巧菜单

预先设定好上菜的顺序，如有需要可制作一些精美的小菜单，这样每位来宾都可以对宴会的菜品一目了然！

餐桌小空间，摆放大学问

一般家庭中所用的餐桌多为圆形或长方形，为了使客人们出入方便，餐桌需要摆放在家中较为宽敞的地方。为了使室内的空间不被堵塞，也可以把餐桌放在角落等位置。

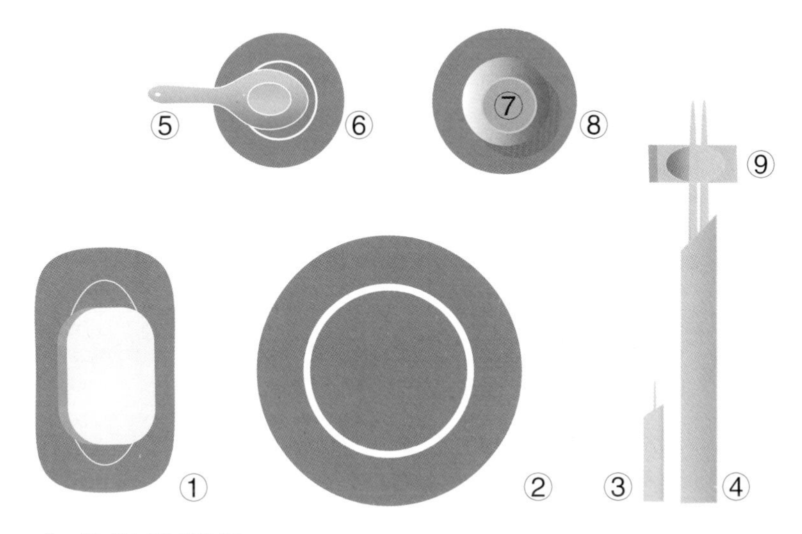

中式餐具摆放：

①湿巾 ②餐盘 ③牙签 ④筷子 ⑤勺 ⑥汤碗 ⑦茶杯 ⑧托盘 ⑨筷子架

西式餐具摆放：

①沙拉用叉 ②海鲜用叉 ③肉类用叉 ④餐盘 ⑤肉类用刀
⑥海鲜用刀 ⑦汤勺 ⑧沙拉用刀 ⑨甜品用勺 ⑩甜品用刀

在摆放餐椅时需要给客人留下足够的使用空间。一般来说，由于西餐使用刀叉的特定进餐姿势，需要的空间较中餐要更大一些；再者，西餐使用的餐具比中餐的小碟要大许多。主人需要注意到这些细节，让每位客人都拥有良好的就餐环境。

鲜花的摆放位置和餐桌的形状有关，如果是圆形的餐桌，鲜花最好摆放在正中；如果是长方形的餐桌，可以把鲜花和烛台搭配着摆放，鲜花的高度以不挡住对座双方的视线为宜。

宴会花边美食

水果也是千面美人

水果也是打造完美家宴的主要元素之一，最好选择颜色漂亮、味道可口、方便食用的水果和客人们一起分享。你知道吗？切法不同，水果的味道也会不同。不相信？那就试试看吧！

将去蒂洗净的草莓放入打发的奶油中，撒上糖粉，亦可在盘中点缀少许绿色的香草。

西瓜船还是圣诞树？只要你愿意，把它幻想成魔法帽又有什么不可以呢？

有没有见过棒棒糖模样的猕猴桃呢？不仅孩子们喜欢这种可爱的吃法，成年人也能从中体会到童年的滋味！

各种新鲜的水果挖成球状，像穿冰糖葫芦一样穿起来，这样既不会流汁水又能同时享用好几种味道，何乐而不为呢？

让五彩缤纷的“菠萝船”满载着你的希望徜徉在夏日的海洋中。

春节家宴

	2~4 人配餐		5~7 人配餐		8 人以上配餐
凉菜	 凉拌素什锦 p.48	 拌三丝 p.46	 盐水虾 p.146	 凉拌海蜇皮 p.156	 蔬菜沙拉 p.234
头菜	 红烧肉 p.78		 清蒸鲈鱼 p.128		 红酒炖牛肉 p.244
热菜	 荷塘月色 p.52	 糖醋排骨 p.84	 鱼香肉丝 p.94	 螃蟹炒年糕 p.151	 蛋皮肉卷 p.82

汤煲

菠菜血旺肉圆汤 p.190

或

冬瓜丸子粉丝汤 p.192

主食

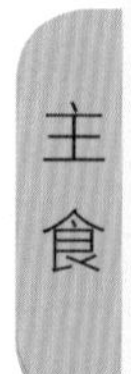
胡萝卜肉饺

或

橙汁醪糟汤

配餐说明 »

春节是中国民间最隆重、最富有特色的传统节日，也是最热闹的一个古老节日，俗称“过年”。本系列套餐所选菜品均突出了春节喜庆和合家团圆的热闹氛围。

端午家宴

	2~4 人配餐		5~7 人配餐		8 人以上配餐
凉菜	 芝麻花生菠菜 p.50	蒜香油麦菜 p.72	 扇贝沙拉 p.235	 芥末酱蛋 p.238	 木耳白菜 p.62
头菜	 蒜香烤大排 p.88		 双色剁椒鱼头 p.130		 鲜蟹肉芝士焗蟹盖 p.148
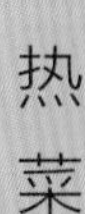 热菜	 咸鸭蛋黄焗南瓜 p.56	 京酱肉丝 p.96	 回锅肉 p.100	 土豆烧牛肉 p.116	 蒜蓉粉丝蒸鲜鲍 p.153

汤煲

排骨莲藕汤 p.171

或

酸辣汤 p.173

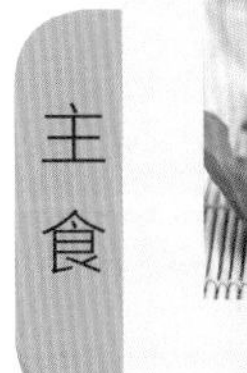

主食

豆沙粽

或

西班牙海鲜饭 p.216

配餐说明 》

端午节是我国汉族人民的传统节日，这一天必不可少的活动为吃粽子和赛龙舟，据说是为了纪念屈原。至于挂菖蒲、艾叶，薰苍术、白芷，喝雄黄酒，则是为了驱邪。这套端午配餐选料多样，以咸香口味为主。

中秋家宴

五彩蛋花汤 p.166 或 泡椒酸菜鱼汤 p.202

莲蓉月饼 或 翡翠白菜卷 p.228

配餐说明 》

中秋之夜，明月当空，清辉洒满大地。人们把月圆当作团圆的象征，在这一天，游子要回归故里与家人团聚，边赏月边吃月饼，寄托亲人永不分离的美好愿望。

寿宴

2~4 人配餐 | 5~7 人配餐 | 8 人以上配餐

凉菜

蒜香油麦菜 p.72

凉拌海蜇皮 p.156

白菜泡菜 p.259

生吃三文鱼 p.258

头菜

梅菜扣肉 p.102

豆沙糯米肉 p.90

红烧海参 p.160

热菜

地三鲜 p.66

芹菜炒干丝 p.58

排骨炖白菜 p.108

青蒜炒酱牛肉 p.118

碧绿鱿鱼卷 p.159

汤煲

鱼头豆腐汤 p.198

或

山药羊腿汤 p.178

主食

鲜虾云吞面

或

上海阳春面

配餐说明 »

寿宴指家人给老人做寿。按老北京的风俗，只有年龄超过 50 岁才可称“做寿”，而且只有家中辈分最高的人，才有资格大张旗鼓地“做寿”。寿宴重质不重量，因为是为老人专门操办的，宜精致清淡。

升学升职家宴

	2~4 人配餐		5~7 人配餐		8 人以上配餐
凉菜	 芝麻花生菠菜 p.50	 盐水虾 p.146	 法式芥末酱三文鱼 p.251		 生吃三文鱼 p.258
头菜	 三杯酱澳带 p.252		 香煎肉排 p.92		 秘制酱汁煎鳕鱼 p.138
热菜	 西芹百合 p.63	 土豆烧牛肉 p.116	 海螺带子串烧 p.152	 麻辣梭子蟹 p.162	 香橙排骨 p.86

汤煲

西湖牛肉羹 p.174

或

罗宋汤 p.182

主食

印度咖喱牛腩饭 p.222

或

台湾卤肉饭 p.210

配餐说明 »

本系列套餐主要针对年轻人和中年人，因此菜肴上多荤菜，适当增加了蔬菜和营养健康的菌类。口味偏浓重、辛香。

亲朋小聚家宴

2~4 人配餐

凉菜

地中海沙拉 p.236

生吃三文鱼 p.258

头菜

秘制酱汁煎鳕鱼 p.138

热菜

蒜香烤大排 p.88

双笋木耳 p.77

5~7 人配餐

凉菜

凉拌西兰花 p.55

头菜

酸辣里脊 p.104

热菜

蒜拍丝瓜 p.75

素丸子 p.74

8 人以上配餐

凉菜

酸辣红油耳丝 p.106

头菜

新式辣子鸡 p.107

热菜

香爆蛤蜊 p.154

汤煲

香醋猪骨瓦罐 p.167

或

海鲜汤煲 p.195

主食

橄榄奶酪焗饭 p.220

或

西班牙海鲜饭 p.216

配餐说明》

亲朋之间随兴小聚的家常宴客餐，相对来说搭配就比较随意，但也需注意食材选择的多样，咸淡、清重、荤素的搭配。

图书在版编目（CIP）数据
懒人版米饭杀手 / 萨巴蒂娜主编 . -- 青岛 : 青岛出版社 , 2018.5
ISBN 978-7-5552-6874-1
Ⅰ . ①懒⋯ Ⅱ . ①萨⋯ Ⅲ . ①菜谱 Ⅳ . ① TS972.1
中国版本图书馆 CIP 数据核字 (2018) 第 057955 号

书　　名　懒人版米饭杀手
主　　编　萨巴蒂娜
副 主 编　高瑞珊
出版发行　青岛出版社
社　　址　青岛市海尔路182号（266061）
本社网址　http://www.qdpub.com
邮购电话　13335059110　　0532-68068026
责任编辑　周鸿媛　贺　林
特约编辑　刘　茜
封面设计　丁文娟
设计制作　张　骏
制　　版　青岛帝骄文化传播有限公司
印　　刷　青岛海蓝印刷有限责任公司
出版日期　2018年5月第1版　2020年3月第5次印刷
开　　本　16开（710毫米 × 1010毫米）
印　　张　18
字　　数　250千
图　　数　660幅
书　　号　ISBN 978-7-5552-6874-1
定　　价　49.80元

编校质量、盗版监督服务电话　4006532017　0532-68068638
建议陈列类别：生活类　美食类